苹果新品种实地栽培表现

PINGGUO XINPINZHONG SHIDI ZAIPEI BIAOXIAN

主　编　查养良

副主编　辛选民　秦敏红　朱红勃

西北农林科技大学出版社

图书在版编目（CIP）数据

苹果新品种实地栽培表现 / 查养良主编. -- 杨凌：
西北农林科技大学出版社, 2021.5
ISBN 978-7-5683-0952-3

Ⅰ. ①苹… Ⅱ. ①查… Ⅲ. ①苹果—果树园艺 Ⅳ.
①S661.1

中国版本图书馆CIP数据核字(2021)第082589号

苹果新品种实地栽培表现
查养良　主编

出版发行	西北农林科技大学出版社	
地　　址	陕西杨凌杨武路3号	**邮　编**：712100
电　　话	总编室：029-87093195	发行部：029-87093302
电子邮箱	press0809@163.com	
印　　刷	陕西森奥印务有限公司	
版　　次	2021年5月第1版	
印　　次	2021年5月第1次	
开　　本	787 mm×1092 mm　1/16	
印　　张	9.75	
字　　数	178千字	

ISBN 978-7-5683-0952-3

定价：35.00元

本书如有印装质量问题，请与本社联系

编委会

主　　编　查养良

副 主 编　辛选民　秦敏红　朱红勃

参编人员　刘旭涛　郭雪婷　李亚锋　郑　鑫　张志林

　　　　　　　滑　乐　王　艳　鲁宏敏　刘　发　王江红

　　　　　　　侯战虎　唐笑天　胡晓望

‖ 编写说明 ‖

旬邑县地处渭北黄土高原沟壑区，东邻铜川，西接彬州，南依淳化，北傍正宁，位于东经 108° 08′ ～ 108° 52′、北纬 34° 57′ ～ 35° 33′ 之间。境内平均海拔 960 ～ 1350 m，无霜期 180 d，年均气温 9℃，年降水量 600 mm，年日照时数 2 390 h。这里塬面地势平坦，海拔较高，气候适宜，雨量适中，光照充足，昼夜温差大，土质疏松，土层深厚，环境无污染，是苹果最佳优生区之一。

国家苹果产业技术体系咸阳综合试验站自 2012 年选址旬邑以来，重点开展了苹果新品种引进、试栽和示范推广以及不同砧穗组合的试验研究等相关工作。先后从山东农业大学、山东果树所、郑州果树所、河北农业大学、西北农林科技大学等科研院所引进苹果新品种 80 多个，经过前期观察筛选，我们从中选择了 40 多个表现优良的品种进行了跟踪调查。

调查从 2018 年春季开始，按照田间试验原则，每个品种选取 5 棵树挂牌标记，定点观察了以下几个方面：一是物候期观察。主要记录显蕾期、花序伸长期、花序分离期、初花期、盛花期、落花期、果实成熟期等苹果年生长周期的物候日期。二是枝条、枝类调查。从每棵树不同方位选取小主枝及一年生枝条，调查统计枝类比及枝条发育情况。三是叶片观察调查。在 8 月下旬叶片完全成熟后进行集中观察调查，从每棵树不同方位选取 20 片树叶，测量百叶鲜重，调查叶片生长性状。四是花朵调查观察。每棵树选取不同方位小主枝上完全开放的花序进行观察，并跟踪调查花朵坐果率和花序坐果率。

五是观察调查果实。在果实成熟期，在树冠的不同方向采摘 20 个果实，观察、测量果实的主要性状指标。

由于苹果新品种观察调查是一个耗时较长的过程，品种的某些性状受偶然因素、气候变化、栽培条件及时间的影响也会出现某些差异，数据资料统计难免有所欠缺。因此，后期我们将对这些品种进行持续观察调查，以获取更加稳定可靠的资料。

国家苹果产业体系咸阳综合试验站

2020 年 10 月

前 言 ▽

一粒种子改变一个世界，一个品种改变一个产业。已故西藏农牧科学院育种专家尼玛扎西曾经说过，良种是农业的芯片。选育、引进、示范、推广优良苹果新品种始终是发展苹果产业，优化产业结构的一个绕不开的话题。

近年来，苹果新品种如雨后春笋，百花齐放，一方面为苹果产业发展注入了强劲活力，为品种结构优化打开了方便之门；另一方面，对广大苹果生产经营者来说，也遇到了选择的迷茫和困惑——到底哪个或哪些品种是最好、最有前途、最适合发展的？尤其是一些种植企业和种植户在建园初期选择品种不当，导致刚刚开始结果的果树就因为各种问题而大面积高接换种，造成巨大的资源浪费和不必要的经济损失。

国家苹果产业技术体系咸阳综合试验站，地处渭北苹果最佳优生区，开展苹果新品种选育、引进和砧穗组合试验是其重点任务之一。为解答苹果生产者的疑问和选种难题，解决苹果生产中品种选择的困难，使生产者在品种选择方面少走弯路，国家苹果产业技术体系咸阳综合试验站引进试栽了大量国内外苹果新品种，组织团队技术人员做好科学试验、全面观察，客观、准确地记录了每一个品种的生物学特性和商品特点，并从中筛选了四十多个表现优良的品种编印成册，以期为广大种植企业和种植户在苹果品种选择方面提供思路，也可供广大一线果业技术人员参考。

受栽培地自然环境、立地条件、砧木类型、管理措施以及观察记录过程中不可避免的误差影响，书中偏差纰漏和失误在所难免，恳请各位读者批评指正。

编者

2020 年 11 月

目 录
CONTENTS

▶▶▶

① 华 硕

华硕亲本为美国八号 × 华冠，由中国农业科学院郑州果树研究所选育，2016 年通过国家林木品种审定。

调查植株 2016 年引入本站，M9T337 矮化自根砧。

 枝

树姿直立，一年生枝尖削度小，紫红色，茸毛稀少，皮孔稀疏，数量中等，中等大小，芽体卵圆形，平均芽间距 2.48 cm。外围一年生枝平均长度 53.27 cm，春梢平均长度 23.52 cm，无秋梢。长、中、短枝比例分别占 61.90%、14.29%、23.81%。

 叶

叶片平均纵径 8.91 cm、横径 4.78 cm，叶柄平均长 3.50 cm。叶色绿，叶尖渐尖，叶形卵圆或长圆形，叶缘呈钝锯齿状。叶姿斜向上，叶面抱合，叶背绒毛稀疏。叶片平均厚度 0.36 mm，叶绿素含量 45.77 spad，平均百叶鲜重 104.97 g。

花

花蕾红色，花瓣重叠而生，圆形，中心花未露红，花絮已经分离。花朵坐果率 64.68%，花序坐果率 97.73%。显蕾期 3 月 21 日左右，花序伸长期 4 月 1 日左右，花序分离期 4 月 8 日左右，初花期 4 月 13 日左右，盛花期 4 月 15 日左右，落花期 4 月 19 日左右，果实 7 月下旬成熟。

果

　　果梗平均粗度 3.04 mm，长度 19.80 mm，梗洼中深、中广，萼片反卷、宿存，萼洼浅、广。果实圆柱形，大小整齐，着浓红色，片红，有蜡质，有果粉，无果棱，果点小。汁液中多，果肉细脆，无香气。果面较平滑，光洁度 3 级。

　　果实平均横径 88.28 mm，纵径 77.08 mm，果形指数 0.87，果个大，平均单果重 292.25 g。心室 5 个，半开状，平均种子数量 7 个。可溶性固形物平均含量 12.92%，可滴定酸含量 0.36%，糖酸比 41.65，偏斜率 6.76%，果肉硬度 9.32 kg/cm²。

　　该品种早果丰产，无采前落果现象。果实酸甜适口，风味浓郁，品质上等。耐贮藏，常温条件下可贮藏 30 d 左右，冷藏条件下贮藏期长达 4 个月以上。抗炭疽叶枯病、褐斑病和苹果轮纹病，但不抗白粉病。

❷

华 瑞

华瑞为华硕的姊妹系，亲本为美国八号 × 华冠，由中国农业科学院郑州果树研究所培育。

调查植株 2016 年引入本站，M9T337 矮化自根砧。

 叶

叶片平均纵径 9.88 cm、横径 5.30 cm，叶柄平均长 3.60 cm。叶色绿，叶尖渐尖，叶形长圆形，叶缘呈锐锯齿状。叶姿斜向上，叶面抱合且多皱，叶背绒毛中等偏稀，叶片平均厚度 0.35 mm，叶绿素含量 47.30 spad，平均百叶鲜重 102.62 g。

 花

花蕾红色，花瓣重叠而生，圆形。显蕾期 3 月 21 日左右，花序伸长期 4 月 1 日左右，花序分离期 4 月 8 日左右，初花期 4 月 13 日左右，盛花期 4 月 15 日左右，落花期 4 月 19 日左右，果实 7 月下旬成熟。

 果

果梗平均粗度 4.30 mm，长度 19.30 mm，梗洼中深、中广，萼片反卷、宿存，萼洼浅、广。果实卵圆形，着浓红色，片红，有蜡质，无果粉，无果棱，果点小。汁液中多，果肉脆度中等，香气淡。果面平滑，光洁度 4 级。

果实平均横径 87.34 mm，纵径 69.37 mm，果形指数 0.80，平均单果重 273.24 g。心室 5 个，闭合状，平均种子数量 6 个。可溶性固形物平均含量 13.74%，可滴定酸含量 0.28%，糖酸比 60.93，偏斜率 16.79%，果肉硬度 9.26 kg/cm²。

该品种坐果率高，生理落果轻。果实肉质细、松脆，风味酸甜适口，品质上等。室温下可贮藏 20 d 不沙化，冷藏条件下可贮藏 2～3 个月。

3

鲁 丽

鲁丽亲本为藤牧一号 × 嘎啦，是山东果树研究所李林光团队选育的极早熟红色苹果品种。2017 年 2 月通过山东省林木良种审定。

调查植株 2015 年引入本站，M9T337 矮化自根砧。

 枝

树姿直立，一年生枝尖削度小，紫红色，茸毛中等，皮孔稀疏，数量少且大。芽体卵圆型，平均芽间距 2.12 cm。外围一年生枝平均长度 48.80 cm，春梢平均长度 31.30 cm，无秋梢。长、中、短枝比例分别占 66.67%、16.67%、16.67%。

 叶

　　叶片平均纵径 9.32 cm、横径 5.13 cm，叶柄平均长 3.56 cm。叶色浓绿，叶尖渐尖，叶形长圆形，叶缘呈钝锯齿状。叶姿斜向上，叶面平展，叶背绒毛中多。叶片平均厚度 0.495 mm，叶绿素含量 52.81 spad，平均百叶鲜重 92.11 g。

 花

　　花蕾紫红色，花瓣重叠而生，圆形，易成花，花量大。花朵坐果率33.21%，花序坐果率71.15%。显蕾期3月20日左右，花序伸长期3月31日左右，花序分离期4月3日左右，初花期4月9日左右，盛花期4月12日左右，落花期4月18日左右，果实7月下旬成熟。

果

果梗平均粗度 3.55 mm，长度 21.40 mm，梗洼浅、中广，萼片反卷、宿存，萼洼浅、广。果实卵圆形，着色程度中等，片红，有蜡质，无果粉，无果棱，果点中等。汁液中多，肉质脆，无香气。果面较平滑，光洁度 3 级。

果实平均横径 72.10 mm，纵径 61.47 mm，果形指数 0.85，平均单果重 164.05 g。心室 5 个，闭合状，平均种子数量 8 个。可溶性固形物平均含量 13.08%，可滴定酸含量 0.86%，糖酸比 17.90，偏斜率 11.07%，果肉硬度 10.35 kg/cm^2。

该品种坐果率高，丰产性极好，抗病抗逆性强。果肉细腻，耐贮藏。砧穗亲和力一般，容易出现"大小脚"现象。

4

秦 阳

秦阳为西北农林科技大学赵政阳团队从"皇家嘎啦"实生苗变异株选育出的早熟苹果品种，2005年4月通过陕西省果树品种审定委员会审定。

调查植株2013年引入本站，M26矮化中间砧，基砧为新疆野苹果。

枝

树姿直立，一年生枝尖削度小，褐色，茸毛中等，皮孔密，数量多且大，芽体卵圆形，平均芽间距3.26 cm。外围一年生枝平均长度37.40 cm，春梢平均长度20.80 cm，秋梢平均长度3.50 cm，长、中、短枝比例分别占45.71%、25.71%、28.57%。

🍎 叶

叶片平均纵径 10.19 cm、横径 5.13 cm，叶柄平均长 3.39 cm。叶色绿，叶尖渐尖，叶形长圆形，叶缘呈锐锯齿状。叶姿斜向上，叶面平展，叶背绒毛稀疏。叶片平均厚度 0.31 mm，叶绿素含量 43.30 spad，平均百叶鲜重 79.88 g。

🍎 花

花蕾紫红色，花瓣相对离生，卵圆形。花朵坐果率 74.63%，花序坐果率 96.15%。显蕾期 3 月 18 日左右，花序伸长期 3 月 30 日左右，花序分离期 4 月 6 日左右，初花期 4 月 11 日左右，盛花期 4 月 15 日左右，落花期 4 月 18 日左右，果实 8 月上旬成熟。

果

果梗平均粗度 2.48 mm，长度 27.60 mm，梗洼深、中广，萼片直立、宿存，萼洼中深、中广。果实近圆形，条红，套袋果着鲜红色，光果着浓红色，有蜡质，无果粉，无果棱，果点小。汁液多，肉质脆，香气淡，果面平滑。套袋果光洁度 4 级，光果光洁度 3 级。

果实平均横径 71.69 mm，纵径 60.66 mm，果形指数 0.85，平均单果重 152.81 g。心室 5 个，闭合状，平均种子数量 10 个。套袋果可溶性固形物平均含量 11.55%，可滴定酸含量 0.17%，糖酸比 67.94，偏斜率 15.02%，果肉硬度 7.35 kg/cm^2；光果可溶性固形物平均含量 11.99%，果肉硬度 7.05 kg/cm^2。

该品种适应性强，无采前落果现象。果实肉质细脆，香甜，风味浓郁，品质极佳。室温条件下可贮藏 10～15 d。抗逆性较强，抗白粉病、早期落叶病较强。果实种子发育不良。

5

金世纪

　　金世纪为西北农林科技大学从"皇家嘎啦"浓红型芽变优系种中选育的苹果早熟新品种，2009 年通过陕西省品种审定委员会审定。

　　调查植株 2013 年引入本站，M26 矮化中间砧，基砧为新疆野苹果。

 枝

　　树姿直立，一年生枝尖削度小，红褐色，茸毛多，皮孔稀疏，数量少，中等大小，芽体三角形，平均芽间距 2.12 cm。外围一年生枝平均长度 37.10 cm，春梢平均长度 17.00 cm，秋梢平均长度 4.50 cm，长、中、短枝比例分别占 32.69%、34.62%、32.69%。

叶

叶片平均纵径 8.89 cm、横径 4.31 cm，叶柄平均长 3.77 cm，叶色绿，叶尖渐尖，叶形长圆形，叶缘呈锐锯齿状。叶姿斜向上，叶面平展，叶背绒毛稀疏。叶片平均厚度 0.30 mm，叶绿素含量 44.41 spad，平均百叶鲜重 48.68 g。

花

花蕾红色，花瓣相对离生，卵圆形。花朵坐果率 70.23%，花序坐果率 94.00%。显蕾期 3 月 25 日左右，花序伸长期 4 月 6 日左右，花序分离期 4 月 9 日左右，初花期 4 月 12 日左右，盛花期 4 月 15 日左右，落花期 4 月 20 日左右，果实 8 月 15 日左右成熟。

果

果梗平均粗度 3.16 mm，长度 25.40 mm，梗洼深、中广，萼片反卷、宿存，萼洼浅、中广。

果实短圆锥形，着色中等，片红，无蜡质，有果粉，无果棱，果点中等大小。汁液多，肉质脆，无香气。果面较平滑，光洁度 3 级。

果实平均横径 72.09 mm，纵径 62.63 mm，果形指数 0.87，平均单果重 161.47 g。心室 5 个，全开状，平均种子数量 10 个。可溶性固形物平均含量 10.93%，可滴定酸含量 0.31%，糖酸比 41.95，偏斜率 9.50%，果肉硬度 9.26 kg/cm²。

该品种易成花，结果早，丰产性强，无采前落果现象。果实肉质细脆，酸甜适口，风味浓郁。抗逆性较强，早期落叶病、腐烂病、白粉病及病虫害危害较轻。

昌 华

该品种来源不详。

调查植株 2013 年引入本站，M26 矮化中间砧，基砧为新疆野苹果。

 枝

　　树姿直立，一年生枝尖削度小，红褐色，茸毛中等，皮孔稀疏，数量少且小，芽体三角形，平均芽间距 2.21 cm。外围一年生枝平均长度 60.87 cm，春梢平均长度 21.22 cm，秋梢平均长度 11.50 cm，长、中、短枝比例分别占 55.36%、25.00%、19.64%。

 叶

叶片平均纵径 10.19 cm、横径 5.20 cm，叶柄平均长 3.80 cm。叶色绿，叶尖渐尖，叶形长圆形，叶缘呈锐锯齿状。叶姿斜向上，叶面平展，叶背绒毛稀疏。叶片平均厚度 0.39 mm，叶绿素含量 46.70 spad，平均百叶鲜重 66.87 g。

 花

花蕾粉红色，花瓣相对离生，椭圆形。花朵坐果率 66.40%，花序坐果率 95.83%。显蕾期 3 月 31 日左右，花序伸长期 4 月 6 日左右，花序分离期 4 月 8 日左右，初花期 4 月 13 日左右，盛花期 4 月 15 日左右，落花期 4 月 20 日左右，果实 8 月中下旬成熟。

果

果梗平均粗度 2.98 mm，长度 29.00 mm，梗洼中深、中广，萼片直立、宿存，萼洼浅、中广。果实短圆锥形，着浓红色，片红，无蜡质，有果粉，无果棱，果点中等大小。汁液中多，肉质脆，无香气。果面较光滑，光洁度 3 级。

果实平均横径 73.42 mm，纵径 64.55 mm，果形指数 0.88，平均单果重 176.98 g。心室 5 个，全开状，平均种子数量 8 个。可溶性固形物平均含量 11.01%，可滴定酸含量 0.34%，糖酸比 34.59，偏斜率 19.34%，果肉硬度 9.01 kg/cm^2。

⑦

嘎 啦

嘎啦是新西兰育种专家基德由桔苹和元帅杂交选育而成。

调查植株 2013 年引入本站，M26 矮化中间砧，基砧为新疆野苹果。

 枝

　　树姿抱合，一年生枝尖削度小，红褐色，茸毛少，皮孔密度中等，数量中等，皮孔小，芽体三角形，平均芽间距 2.21 cm。外围一年生枝平均长度

48.45 cm，春梢平均长度 21.22 cm，秋梢平均长度 11.50 cm，长、中、短枝比例分别占 55.36%、25.00%、19.64%。

 叶

叶片平均纵径 8.99 cm、横径 4.81 cm，叶柄平均长 3.42 cm。叶色绿，叶尖渐尖，叶形长圆形，叶缘呈钝锯齿状。叶姿斜向上，叶面抱合，叶背绒毛稀疏，叶片平均厚度 0.30 mm，叶绿素含量 43.50 spad，平均百叶鲜重 75.98 g。

 花

花蕾紫红色，花瓣离生，椭圆形。花朵坐果率 40.76%，花序坐果率 91.30%。显蕾期 3 月 21 日左右，花序伸长期 4 月 5 日左右，花序分离期 4 月 9 日左右，初花期 4 月 13 日左右，盛花期 4 月 15 日左右，落花期 4 月 20 日左右，果实 8 月下旬成熟。

果

果梗平均粗度 3.56 mm，长度 29.90 mm，梗洼中深、中广，萼片反卷、宿存，萼洼中深、广度中等偏浅。果实近圆形，着色中等，片红，有蜡质，无果粉，有果棱，果点大小中等。汁液中多，果肉脆度中等，香气淡。果面较平滑，光洁度 3 级。

果实平均横径 76.42 mm，纵径 66.36 mm，果形指数 0.87，平均单果重 198.40 g。心室 5 个，半开状，平均种子数量 10 个。套袋果可溶性固形物平均含量 10.48%，可滴定酸含量 0.18%，糖酸比 58.22，偏斜率 12.12%，果肉硬度 7.98 kg/cm^2；光果可溶性固形物平均含量 10.17%，果肉硬度 7.08 kg/cm^2。

该品种幼树结果早，坐果率高，丰产稳产，容易管理。果实肉质细脆，酸甜可口，品质上乘，较耐贮藏。

8

丽嘎啦

丽嘎啦系嘎啦芽变品种。

调查植株 2012 年定植，2013 年高接，乔化，基砧为新疆野苹果。

 枝

　　树姿抱合，一年生枝尖削度小，灰褐色，茸毛中等，皮孔密度中等，数量中等，皮孔大，芽体三角形，平均芽间距 2.50 cm。外围一年生枝平均长度

84.85 cm，春梢平均长度 39.90 cm，秋梢平均长度 15.33 cm，长、中、短枝比例分别占 90.91%、9.10%、0%。

 叶

叶片平均纵径 9.09 cm、横径 4.78 cm，叶柄平均长 3.59 cm。叶色绿，叶尖渐尖，叶形长圆形，叶缘呈锐锯齿状。叶姿斜向上，叶面平展，叶背绒毛厚密，叶片平均厚度 0.33 mm，叶绿素含量 41.70 spad，平均百叶鲜重 98.72 g。

花

花蕾红色，花瓣离生，椭圆形。花朵坐果率 87.80%，花序坐果率 100%。显蕾期 3 月 20 日左右，花序伸长期 3 月 31 日左右，花序分离期 4 月 5 日左右，初花期 4 月 13 日左右，盛花期 4 月 15 日左右，落花期 4 月 20 日左右，果实8 月下旬成熟。

果

果梗平均粗度 2.95 mm，长度 26.60 mm，梗洼深、狭，萼片反卷、宿存，萼洼浅、广。果实短圆锥形，着色中等，片红，有蜡质，有果粉，有果棱，果点中等大小。汁液中多，果肉脆，香气淡。果面较平滑，光洁度 3 级。

果实平均横径 75.23 mm，纵径 65.05 mm，果形指数 0.87，平均单果重 179.06 g。心室 5 个，半开状，平均种子数量 8 个。可溶性固形物平均含量 10.80%，可滴定酸含量 0%，偏斜率 22.81%，果肉硬度 7.29 kg/cm^2。

该品种连续结果能力强，丰产性强，稳产，无大小年现象。适应性广，抗逆性强。在冷库中可贮藏 4～6 周。

9

秦 月

秦月以秦富 1 号 × 皇家嘎啦为亲本，由西北农林科技大学王雷存团队杂交选育，2018 年通过国家林木品种审定。

调查植株 2013 年定植，2015 年高接。M26 矮化中间砧，基砧为八棱海棠。

 枝

该品种树姿开张，一年生枝尖削度中等，红褐色，茸毛多，皮孔密，皮孔多且小，芽体三角形，平均芽间距 2.46 cm。外围一年生枝平均长度 41.63 cm，春梢平均长度 16.31 cm，秋梢平均长度 3.00 cm，长、中、短枝比例分别占 45.71%、17.14%、37.14%。

叶

叶片平均纵径 9.73 cm、横径 5.19 cm，叶柄平均长 3.26 cm。叶色绿，叶尖渐尖，叶形长圆形，叶缘呈锐锯齿状。叶姿斜向上，叶面抱合，叶背绒毛中等偏稀，叶片平均厚度 0.30 mm，叶绿素含量 45.08 spad，平均百叶鲜重 73.66 g。

花

花蕾粉红色，花瓣离生，椭圆形。花朵坐果率 42.61%，花序坐果率 90.00%。显蕾期 3 月 25 日左右，花序伸长期 4 月 5 日左右，花序分离期 4 月 10 日左右，初花期 4 月 14 日左右，盛花期 4 月 15 日左右，落花期 4 月 20 日左右，果实 8 月下旬成熟。

果

果梗平均粗度 2.77 mm，长度 20.70 mm，梗洼中深、中广，萼片反卷、宿存，萼洼中深、广。果实近圆形，着色混合型。套袋果着鲜红色，光果着浓红色。有蜡质，有果粉，无果棱，果点小，汁液多，果肉脆，香气淡。果面平滑，套袋果光洁度 4 级，光果光洁度 3 级。

果实平均横径 70.57 mm，纵径 62.71 mm，果形指数 0.89，平均单果重 154.83 g。心室 5 个，闭合状，平均种子数量 11 个。套袋果可溶性固形物平均含量 9.83%，可滴定酸含量 0.19%，糖酸比 51.74，偏斜率 9.05%，果肉硬度 6.83 kg/cm^2；光果可溶性固形物平均含量 10.50%，可滴定酸含量 0.16%，糖酸比 65.63，果肉硬度 6.60 kg/cm^2。

该品种易成花，早产性好。果实肉质细嫩，脆甜可口，较耐贮存。适应性广，抵抗力强，病害较轻。

⑩

凉香季节

凉香季节是日本山形县南阳市船中和孝氏在富士与红星混栽果园中，发现培育的一个中熟优良品种，于1997年种苗登记。

调查植株2013年引入本站，M26矮化中间砧，基砧为新疆野苹果。

 枝

树姿直立，一年生枝尖削度小，褐色，茸毛多，皮孔密度中等，数量中等，大小中等，芽体三角形，平均芽间距2.26 cm。外围一年生枝平均长度41.83 cm，春梢平均长度 15.30 cm，秋梢平均长度 9.00 cm，长、中、短枝比例分别占 42.22%、42.22%、15.56%。

 叶

叶片平均纵径 7.06 cm、横径 4.95 cm，叶柄平均长 2.63 cm。叶色绿色，叶尖渐尖，叶形卵圆形，叶缘呈锐锯齿状。叶姿斜向上，叶面平展，叶背绒毛中等，叶片平均厚度 0.44 mm，叶绿素含量 43.39 spad，平均百叶鲜重 58.67 g。

 花

花蕾红色，花瓣邻接而生，卵圆形。花朵坐果率 42.41%，花序坐果率 94.23%。显蕾期 3 月 22 日左右，花序伸长期 3 月 31 日左右，花序分离期 4 月 8 日左右，初花期 4 月 11 日左右，盛花期 4 月 15 日左右，落花期 4 月 18 日左右，果实 8 月 25 日左右成熟。

 果

果梗平均粗度 2.63 mm，长度 28.30 mm，梗洼中深、中广，萼片反卷、残存，萼洼中深、中广。果实近圆形，着色中等，片红，无蜡质，有果粉，无果棱，果点大小中等。汁液多，果肉脆度中等，香气无。果面较平滑，套袋果光洁度 3 级，光果光洁度 2 级。

  果实平均横径 77.85 mm，纵径 63.11 mm，果形指数 0.81，平均单果重 207.17 g。心室 5 个，半开状，平均种子数量 11 个。套袋果可溶性固形物平均含量 11.03%，可滴定酸含量 0.315%，糖酸比 37.35，偏斜率 13.09%，果肉硬度 6.21 kg/cm^2；光果可溶性固形物平均含量 11.23%，偏斜率 14.24%，果肉硬度 5.68 kg/cm^2。

  该品种较易成花，抗逆性较强。果实肉脆多汁，酸甜适口，品质极上，较耐贮藏。

蜜 脆

蜜脆为美国明尼苏达大学从 Macoun（母本）和 Honey Gold（父本）杂交种中选育而成，1989 年正式命名。

调查植株 2013 年引入本站，M26 矮化中间砧，基砧为新疆野苹果。

枝

树姿直立，一年生枝尖削度大，绿色，茸毛稀少，枝脆硬，皮孔密且多，大小中等，芽体三角形，平均芽间距 2.18 cm。外围一年生枝平均长度 47.15 cm，春梢平均长度 10.55 cm，秋梢平均长度 9.00 cm，长、中、短枝比例分别占 10%、60%、30%。

 叶

叶片平均纵径 7.56 cm、横径 4.45 cm，叶柄平均长 3.45 cm。叶色绿，叶尖渐尖，叶形卵圆形，叶缘呈锐锯齿状。叶姿斜向上，叶面平展，叶背绒毛稀疏。叶片平均厚度 0.38 mm，叶绿素含量 42.87 spad，平均百叶鲜重 88.16 g。

 花

花蕾红色，花瓣离生，椭圆形。花朵坐果率 66.42%，花序坐果率 100%。显蕾期 3 月 22 日左右，花序伸长期 4 月 5 日左右，花序分离期 4 月 9 日左右，初花期 4 月 13 日左右，盛花期 4 月 17 日左右，落花期 4 月 23 日左右，果实 8 月 25 日左右成熟。

 果

　　果梗平均粗度 2.74 mm，长度 20.80 mm，梗洼深、广度中等偏狭，萼片聚合、残存，萼洼浅、中广。果实近圆形，着浓红色，条红，有蜡质，无果粉，无果棱，果点小。汁液多，肉质细脆，香气浓。套袋果果面平滑，光洁度 3 级偏 4 级；光果果面较平滑，光洁度 2 级偏 3 级。

　　果实平均横径 86.18 mm，纵径 71.60 mm，果形指数 0.83，平均单果重 265.75 g。心室 5 个，半开状，平均种子数量 8 个。套袋果可溶性固形物平均含量 11.65%，可滴定酸含量 0.74%，糖酸比 16.95，偏斜率 5.87%，果肉硬度 6.94 kg/cm^2；光果可溶性固形物平均含量 12.58%，可滴定酸含量 0.75%，糖酸比 19.22，偏斜率 16.80%，果肉硬度 6.36 kg/cm^2。

　　该品种丰产、稳产。果肉质地极脆，酸甜适口。耐贮藏，冷库贮藏可到翌年 4 月。栽培中易出现缺钙引起的苦痘病，叶片病叶多，白粉病多发。

⑫

玉华早富

玉华早富由陕西省果树良种苗木繁育中心选育，2005 年 5 月通过陕西省果树品种审定委员会审定。

调查植株 2013 年引入本站，M26 矮化中间砧，基砧为新疆野苹果。

 枝

树姿直立，一年生枝尖削度小，灰褐色，茸毛少，皮孔密度中等，数量少且小，芽体三角形，平均芽间距 2.75 cm。外围一年生枝平均长度 69.27 cm，春梢平均长度 18.47 cm，秋梢平均长度 19.50 cm，长、中、短枝比例分别占 50.85%、35.59%、13.56%。

叶

叶片平均纵径 8.33 cm、横径 5.53 cm，叶柄平均长 2.90 cm。叶色绿，部分颜色偏黄绿，叶尖渐尖，叶形卵圆形，叶缘呈锐锯齿状。叶姿斜向上，叶面平展，叶背绒毛中等。叶片平均厚度 0.45 mm，叶绿素含量 42.26 spad，平均百叶鲜重 72.38 g。

花

花蕾红色，花瓣离生，圆形，花朵坐果率 74.35%，花序坐果率 97.92%。显蕾期 3 月 18 日左右，花序伸长期 4 月 1 日左右，花序分离期 4 月 9 日左右，

初花期 4 月 12 日左右，盛花期 4 月 14 日左右，落花期 4 月 19 日左右，果实 9 月上旬成熟。

 果

果梗平均粗度 2.88 mm，长度 26.50 mm，梗洼深、狭，萼片聚合、残存，萼洼中深、中广。果实近圆形，着色程度中等，片红，无蜡质，有果粉，无果棱，果点中等。汁液多，肉质脆，香气淡。果面较平滑，套袋果光洁度 3 级，光果光洁度 2 级。

果实平均横径 85.58 mm，纵径 73.87 mm，果形指数 0.86，平均单果重 269.68 g。心室 5 个，全开状，平均种子数量 10 个。套袋果可溶性固形物平均含量 11.35%，可滴定酸含量 0.15%，糖酸比 72.00，偏斜率 8.56%，果肉硬度 6.09 kg/cm^2；光果可溶性固形物平均含量 11.10%，可滴定酸含量 0.18%，糖酸比 57.81，偏斜率 7.97%，果肉硬度 6.15 kg/cm^2。

该品种果肉细脆多汁，品质上乘，口感与晚熟富士相同，较耐贮藏。生产中常见套袋果霉心病、水心病发生。

⑬

九月奇迹

九月奇迹是美国专利品种，是富士的早熟芽变。

调查植株 2017 年引入本站，M9T337 矮化自根砧。

 枝

树姿直立，一年生枝尖削度中等，紫褐色，茸毛多，皮孔密，数量多且大，芽体三角形，平均芽间距 2.14 cm。外围一年生枝平均长度 63.20 cm，春梢平均长度 23.93 cm，无秋梢，长、中、短枝比例分别占 63.33%、26.67%、10.00%。

叶

叶片平均纵径 7.20 cm、横径 4.78 cm，叶柄平均长 2.68 cm。叶色绿，叶尖渐尖，叶形卵圆形，叶缘呈锐锯齿状。叶姿斜向上，叶面平展，叶背绒毛中等。叶片平均厚度 0.40 mm，叶绿素含量 43.8 spad，平均百叶鲜重 76.52 g。

花

花蕾粉色，花瓣离生，椭圆形。花朵坐果率 60.80%，花序坐果率 94.23%。显蕾期 3 月 24 日左右，花序伸长期 4 月 1 日左右，花序分离期 4 月 9 日左右，初花期 4 月 13 日左右，盛花期 4 月 15 日左右，落花期 4 月 20 日左右，果实 9 月上旬成熟。

果

果梗平均粗度 2.37 mm，长度 25.70 mm，梗洼中深、中广，萼片聚合、宿存，萼洼中深、中广。果实扁圆形，着色中等，片红，有蜡质，有果粉，无果棱，果点中等大小。汁液多，肉质脆，香气淡。套袋果果面平滑，光洁度 4 级；光果果面较平滑，光洁度为 3 级。

果实平均横径 78.99 mm，纵径 64.09 mm，果形指数 0.81，平均单果重 203.84 g。心室 5 个，闭合状，平均种子数量 9 个。套袋果可溶性固形物平均含量 12.67%，可滴定酸含量 0.63%，糖酸比 20.93，偏斜率 7.53%，果肉硬度 6.75 kg/cm²；光果可溶性固形物平均含量 12.18%，可滴定酸含量 0.64%，糖酸比 22.12，偏斜率 19.19%，果肉硬度 6.28 kg/cm²。

该品种易成花，坐果率高，早果性强，连续结果能力强，丰产性极好。适应性较强，抗寒能力强，抗病性较强。果实耐贮藏，冷库贮藏可到翌年 3 月份。

九月奇迹（光果）　　　　　　　　九月奇迹（套袋）

14

红 露

红露亲本为早艳和金矮生杂交品种，1980 年由韩国农村振兴厅园艺研究所杂交培育而成。

调查植株 2012 年定植，乔化，2017 年高接，基砧为新疆野苹果。

枝

树姿直立,一年生枝尖削度小,紫褐色,茸毛多,皮孔密度疏,数量少且小,芽体卵圆形,平均芽间距 2.39 cm。外围一年生枝平均长度 46.85 cm,春梢平均长度 17.41 cm,秋梢平均长度 6.50 cm,长、中、短枝比例分别占 36.96%、15.22%、47.82%。

 叶

叶片平均纵径 9.68 cm、横径 4.56 cm,叶柄平均长 3.83 cm。叶色绿,叶尖锐尖,叶形长圆形,叶缘呈钝锯齿状。叶姿斜向上,叶面多皱,叶背绒毛中等。叶片平均厚度 0.40 mm,叶绿素含量 43.31 spad,平均百叶鲜重 76.75 g。

 花

花蕾紫红色,花瓣重叠而生,卵圆形。花朵坐果率 73.33%,花序坐果率 98.08%。显蕾期 3 月 22 日左右,花序伸长期 4 月 3 日左右,花序分离期 4 月 8 日左右,初花期 4 月 10 日左右,盛花期 4 月 14 日左右,落花期 4 月 19 日左右,果实 9 月上旬成熟。

果

　　果梗平均粗度 1.75 mm，长度 24.30 mm，梗洼深、狭，萼片聚合、宿存，萼洼中深、广。果实椭圆形，着色程度中等，条红，有蜡质，有果粉，有果棱，果点中等。汁液中多，肉质脆，口感甘甜，香气淡。果面较平滑，光洁度 3 级。

　　果实平均横径 67.52 mm，纵径 66.46 mm，果形指数 0.98，平均单果重 144.66 g。心室 5 个，全开状，平均种子数量 10 个。可溶性固形物平均含量 13.40%，可滴定酸含量 0.29%，糖酸比 44.83，偏斜率 10.68%，果肉硬度 8.48 kg/cm^2。

　　该品种早果性强，丰产性好，但结果过多，易出现隔年结果现象。果肉脆甜爽口，硬度高，品质好，耐贮藏。较抗腐烂病。

魔 笛

魔笛为意大利品种，由自由和嘎啦自然杂交种中选育而成。

调查植株 2013 年引入本站，M26 矮化中间砧，基砧为新疆野苹果。

 枝

树姿直立，一年生枝尖削度大，紫褐色，茸毛多，皮孔密且多，中等大小，芽体三角形，平均芽间距 2.71 cm。外围一年生枝平均长度 65.50 cm，春梢平均长度 16.94 cm, 秋梢平均长度 16.00 cm，长、中、短枝比例分别占 42.86%、22.86%、34.28%。

 叶

叶片平均纵径 8.35 cm、横径 5.16 cm，叶柄平均长 4.07 cm。叶色绿，叶尖渐尖，叶形卵圆形，叶缘呈锐锯齿状。叶姿斜向上，叶面平展，少部分多皱，叶背绒毛稀疏。叶片平均厚度 0.40 mm，叶绿素含量 39.30 spad，平均百叶鲜重 88.57 g。

 花

花蕾紫红色，花瓣离生，椭圆形。花朵坐果率 47.50%，花序坐果率 88.46%。显蕾期 3 月 20 日左右，花序伸长期 3 月 30 日左右，花序分离期 4 月 6 日左右，初花期 4 月 9 日左右，盛花期 4 月 13 日左右，落花期 4 月 18 日左右，果实 9 月中旬成熟。

 果

果梗平均粗度 2.62 mm，长度 28.30 mm，梗洼中深、中广，萼片聚合、宿存，萼洼浅、广。果实椭圆形或卵圆形，着浓红色，片红，有蜡质，有果粉，无果棱，果点小。汁液多，果肉脆，香气淡。套袋果果面平滑，光洁度 4 级；光果果面较平滑，光洁度 3 级。

　　果实平均横径 71.56 mm，纵径 64.77 mm，果形指数 0.91，平均单果重153.04 g。心室 5 个，半开状，平均种子数量 8 个。套袋果可溶性固形物平均含量 11.18%，可滴定酸含量 0.48%，糖酸比 23.92，偏斜率 17.71%，果肉硬度 10.18 kg/cm^2；光果可溶性固形物平均含量 12.20%，可滴定酸含量 0.67%，糖酸比 18.37，偏斜率 17.04%，果肉硬度 9.64 kg/cm^2。

　　该品种易成花，丰产性强，连续结果能力强。果肉脆甜多汁，硬度大，极耐贮藏。抗病、抗寒、抗旱能力强。

⑯

金 冠

金冠为美国品种，偶然实生树。

调查植株 2015 年定植，2016 年高接，M26 矮化中间砧，基砧为八棱海棠。

 枝

树姿直立，一年生枝尖削度小，褐色，茸毛中等，皮孔稀疏，数量少且小，芽体三角形，平均芽间距 2.10 cm。外围一年生枝平均长度 23.35 cm，春梢平均长度 15.43 cm, 无秋梢，长、中、短枝比例分别占 57.14%、14.29%、28.57%。

 叶

叶片平均纵径 8.32 cm、横径 4.72 cm，叶柄平均长 2.93 cm。叶色浓绿，叶尖锐尖，叶形长圆形，叶缘呈钝锯齿状。叶姿斜向上，叶面平展，少部分抱合，叶背绒毛稀疏。叶片平均厚度 0.42 mm，叶绿素含量 45.01 spad，平均百叶鲜重 76.27 g。

 花

花蕾红色，花瓣邻接而生，卵圆形。花朵坐果率 66.25%，花序坐果率 94.23%。显蕾期 3 月 27 日左右，花序伸长期 4 月 7 日左右，花序分离期 4 月 10 日左右，初花期 4 月 13 日左右，盛花期 4 月 16 日左右，落花期 4 月 23 日左右，果实 9 月中旬成熟。

果

果梗平均粗度 2.57 mm，长度 29.30 mm，梗洼深、广，萼片聚合、宿存，萼洼浅、广。果实短圆锥形，着黄绿色，有蜡质，无果粉，无果棱，果点中等。汁液多，果肉脆度中等，无香气。果面较平滑，光洁度 3 级。

果实平均横径78.34 mm，纵径70.77 mm，果形指数0.90，平均单果重206.33 g。心室5个，闭合状，平均种子数量9.80个。可溶性固形物平均含量14.22%，可滴定酸含量0.57%，糖酸比25.38，偏斜率6.87%，果肉硬度7.27 kg/cm^2。

该品种易结果，丰产性好。果实品质上乘，较耐贮藏，采收后可贮藏至翌年2～3月份；但贮藏后果皮易皱缩，易感褐斑病，果锈较重。

信浓金

信浓金亲本为金冠和千秋，日本长野县果树试验场 1983 年杂交培育，1995 年完成。

调查植株 2018 年引入本站，M9T337 矮化自根砧。

 枝

树姿直立，一年生枝尖削度小，灰褐色，茸毛稀少，皮孔密，数量多且大，芽体三角形，平均芽间距 2.15 cm。外围一年生枝平均长度 60.50 cm，春梢平均长度 25.08 cm，秋梢平均长度 15.00 cm，长、中、短枝比例分别占 64.00%、14.00%、22.00%。

 叶

叶片平均纵径 7.78 cm、横径 5.05 cm，叶柄平均长 2.81 cm。叶色浓绿，叶尖钝尖，叶形卵圆形或长圆形，叶缘呈钝锯齿状。叶姿斜向上，叶面平展，部分抱合，叶背绒毛稀疏。叶片平均厚度 0.40 mm，叶绿素含量 43.89 spad，平均百叶鲜重 86.87 g。

花

花蕾紫红色，花瓣邻接而生，椭圆形。花朵坐果率 68.44%，花序坐果率 98.00%。显蕾期 3 月 27 日左右，花序伸长期 4 月 7 日左右，花序分离期 4 月

11 日左右，初花期 4 月 14 日左右，盛花期 4 月 20 日左右，落花期 4 月 24 日左右，果实 9 月中旬成熟。

 果

　　果梗平均粗度 2.91 mm，长度 22.60 mm，梗洼中深、中广，萼片反卷、脱落，萼洼深、广。果实近圆形，着黄绿色，有蜡质，无果粉，无果棱，果点中等。汁液多，果肉细脆，香气淡。果面较平滑，光洁度 3 级。

　　果实平均横径 79.50 mm，纵径 67.54 mm，果形指数 0.85，平均单果重 228.37 g。心室 5 个，闭合状，平均种子数量 7.50 个。可溶性固形物平均含量 13.77%，可滴定酸含量 0.64%，糖酸比 22.53，偏斜率 15.89%，果肉硬度 7.78 kg/cm^2。

　　该品种果实和维纳斯黄金相比，略有酸味，耐贮藏，冷库贮藏可到翌年 4 月份。但砧穗亲和力一般，容易出现"大脚"现象。

⑱

岱 绿

该品种为自然实生苗变异，山东省果树研究所选育，1989年通过部级验收。调查植株2012年定植，乔化，2017年高接，基砧为新疆野苹果。

 枝

树姿直立，一年生枝尖削度小，褐色，茸毛较多，皮孔中密，数量中等，中等大小，芽体三角形，平均芽间距2.42 cm。外围一年生枝平均长度58.03 cm，春梢平均长度 37.82 cm, 秋梢平均长度 14.29 cm，长、中、短枝比例分别占68.42%、15.79%、15.79%。

 叶

　　叶片平均纵径 10.26 cm、横径 6.19 cm，叶柄平均长 3.55 cm。叶色浓绿，叶尖锐尖，叶形长圆形或卵圆形，叶缘呈钝锯齿状。叶姿斜向上，叶面抱合，叶背绒毛稀疏。叶片平均厚度 0.36 mm，叶绿素含量 44.25 spad，平均百叶鲜重 109.40 g。

 花

　　花蕾红色，花瓣离生，卵圆形。花朵坐果率 73.96%，花序坐果率 98.08%。显蕾期 3 月 31 日左右，花序伸长期 4 月 9 日左右，花序分离期 4 月 13 日左右，

初花期 4 月 16 日左右，盛花期 4 月 23 日左右，落花期 4 月 28 日左右，果实 9 月 15 日左右成熟。

 果

果梗平均粗度 2.46 mm，长度 29.70 mm，梗洼深、广，萼片反卷、残存或脱落，萼洼深、广。果实卵圆形，着黄绿色，有蜡质，无果粉，有果棱，果点中等偏大。汁液多，果肉脆度中等，无香气。果面较平滑，光洁度 3 级。

果实平均横径 83.48 mm，纵径 75.45 mm，果形指数 0.90，平均单果重 249.51 g。心室 5 个，闭合状，平均种子数量 6.50 个。可溶性固形物平均含量 13.11%，可滴定酸含量 0.15%，糖酸比 50.53，偏斜率 14.26%，果肉硬度 5.76 kg/cm^2。

该品种丰产稳产，果实肉质中粗，风味比同期金冠甜，较抗旱，耐瘠薄。但在果实成熟期叶片落叶现象较重。

⑲

维纳斯黄金

维纳斯黄金苹果是日本前岩手大学农学部横田清氏用金帅自然杂交播种选育。调查植株 2018 年引入本站，M9T337 矮化自根砧。

 枝

树姿直立，一年生枝尖削度小，褐色，茸毛多，皮孔疏，数量少且小，芽体三角形，平均芽间距 1.66 cm。外围一年生枝平均长度 50.53 cm，春梢平均长度 16.13 cm, 秋梢平均长度 8.00 cm, 长、中、短枝比例分别占 42.46%、24.66%、32.88%。

 叶

叶片平均纵径 6.70 cm、横径 4.48 cm, 叶柄平均长 2.66 cm。叶色浓绿, 叶尖锐尖, 叶形长圆形, 叶缘呈钝锯齿状。叶姿斜向上, 叶面平展, 叶背绒毛中等偏稀。叶片平均厚度 0.40 mm, 叶绿素含量 43 spad, 平均百叶鲜重 64.31 g。

 花

花蕾紫红色, 花瓣重叠而生, 椭圆形。花朵坐果率 74.09%, 花序坐果率 98.08%。显蕾期 3 月 25 日左右, 花序伸长期 4 月 5 日左右, 花序分离期 4 月

9 日左右，初花期 4 月 13 日左右，盛花期 4 月 16 日左右，落花期 4 月 21 日左右，果实 9 月 15 日左右成熟。

 果

果梗平均粗度 2.29 mm，长度 26.00 mm，梗洼中深、中广，萼片反卷、残存，萼洼浅、广。果实圆锥形，着金黄色，有蜡质，无果粉，有果棱，果点中等。汁液中多，果肉脆度中等，香气淡。果面较平滑，光洁度 3 级。

果实平均横径 68.34 mm，纵径 61.51 mm，果形指数 0.90，平均单果重 142.15 g。心室 5 个，半开状，平均种子数量 8 个。可溶性固形物平均含量 12.15%，可滴定酸含量 0.32%，糖酸比 37.97，偏斜率 13.94%，果肉硬度 7.85 kg/cm^2。

该品种丰产性强，抗褐斑病，果实浓郁清新，甜味浓，无酸味，口感好，品质佳，耐贮藏，冷库贮藏与富士相同。但砧穗亲和力一般，容易出现"大脚"现象。

王 林

王林亲本为金冠 × 印度，日本福岛县选育，1952 年命名，1978 年引入我国。调查植株 2015 年定植，2016 年高接，M26 矮化中间砧，基砧为八棱海棠。

 枝

树姿直立，一年生枝尖削度中等，紫褐色，茸毛多，皮孔密，数量多，中等大小，芽体三角形，平均芽间距 2.16 cm。外围一年生枝平均长度 47.55 cm，春梢平均长度 37.13 cm, 秋梢平均长度 5.25 cm, 长、中、短枝比例分别占 78.79%、21.21%、0%。

 叶

叶片平均纵径 8.76 cm、横径 5.24 cm, 叶柄平均长 3.22 cm。叶色浓绿, 叶尖渐尖, 叶形长圆形, 叶缘呈锐锯齿状。叶姿斜向上, 叶面抱合, 叶背绒毛稀疏。叶片平均厚度 0.34 mm, 叶绿素含量 37.20 spad, 平均百叶鲜重 85.37 g。

 花

花蕾紫红色, 花瓣邻接而生, 卵圆形。花朵坐果率 51.22%, 花序坐果率 86.54%。显蕾期 3 月 18 日左右, 花序伸长期 3 月 30 日左右, 花序分离期 4

月 4 日左右，初花期 4 月 8 日左右，盛花期 4 月 13 日左右，落花期 4 月 18 日左右，果实 9 月 25 日左右成熟。

 果

果梗平均粗度 2.92 mm，长度 22.80 mm，梗洼浅、中广，萼片聚合、宿存，萼洼浅、广。果实圆锥形，着绿色，有蜡质，无果粉，无果棱，果点大。汁液中多，果肉脆度中等，无香气。果面较平滑，光洁度 3 级。

果实平均横径 77.51 mm，纵径 69.42 mm，果形指数 0.90，平均单果重 204.39 g。心室 5 个，闭合状，平均种子数量 8 个。可溶性固形物平均含量 13.08%，可滴定酸含量 0.28%，糖酸比 49.78，偏斜率 11.92%，果肉硬度 7.40 kg/cm^2。

该品种较丰产，采前落果少。果实肉质细脆，风味香甜，品质上乘，耐贮藏。

㉑

延长红

延长红为长富 2 号片红型芽变品种，在陕西省延长县七里村镇管村长富 2 号苹果园发现，2014 年 3 月份通过陕西省果树品种审定委员会审定，并命名为延长红。

调查植株 2013 年引入本站，M26 矮化中间砧，基砧为新疆野苹果。

 枝

树姿直立，一年生枝尖削度小，灰褐色，茸毛中等，皮孔疏，数量少且小，芽体三角形，平均芽间距 2.07 cm。外围一年生枝平均长度 43.70 cm，春梢平

均长度 17.24 cm,秋梢平均长度 8.30 cm，长、中、短枝比例分别占 46.07%、
46.07%、7.87%。

叶

叶片平均纵径 6.31 cm、横径 3.87 cm，叶柄平均长 2.97 cm。叶色淡绿，叶
尖渐尖，叶形长圆形，叶缘呈锐锯齿状。叶姿斜向上，叶面平展，叶背绒毛中
等偏稀。叶片平均厚度 0.36 mm，叶绿素含量 34.70 spad，平均百叶鲜重 45.97 g。

花

花蕾粉红色，花瓣邻接而生，椭圆形。花朵坐果率 41.70%，花序坐果率
95.83%。显蕾期 3 月 21 日左右，花序伸长期 4 月 2 日左右，花序分离期 4 月
9 日左右，初花期 4 月 13 日左右，盛花期 4 月 16 日左右，落花期 4 月 20 日左右，
果实 9 月底到 10 月上旬成熟。

果

果梗平均粗度 3.02 mm，长度 25.60 mm，梗洼深、广，萼片聚合、残存，
萼洼中深、广。果实卵圆形，着浓红色，片红，有蜡质，有果粉，有果棱，果
点小。汁液多，果肉脆，香气无。果面平滑，光洁度 4 级。

果实平均横径81.22 mm，纵径69.10 mm，果形指数0.85，平均单果重205.70 g。心室5个，全开状，平均种子数量8个。可溶性固形物平均含量13.30%，可滴定酸含量0.36%，糖酸比42.43，偏斜率11.85%，果肉硬度7.54 kg/cm²。

该品种较丰产，抗病虫能力较强。果实风味酸甜，耐贮藏，冷库可贮藏6～8个月。

宫藤富士

宫藤富士为日本富士苹果的芽变品种，20 世纪 80 年代，河北昌平结合本地水土条件，对富士苹果原株进行选优，繁育出"宫藤富士"。

调查植株 2013 年引入本站，SH6 矮化中间砧，基砧为平邑甜茶。

 枝

树姿直立，一年生枝尖削度中等，紫褐色，茸毛多，皮孔密，数量多且小，芽体三角形，平均芽间距 2.30 cm。外围一年生枝平均长度 89.90 cm，春梢平均长度 27.11 cm，秋梢平均长度 12.67 cm，长、中、短枝比例分别占 51.35%、35.14%、13.51%。

叶

　　叶片平均纵径 6.82 cm、横径 4.47 cm，叶柄平均长 2.84 cm。叶色浓绿偏绿，叶尖渐尖，叶形卵圆形，叶缘呈锐锯齿状。叶姿斜向上，叶面平展，叶背绒毛厚密。叶片平均厚度 0.39 mm，叶绿素含量 34.70 spad，平均百叶鲜重 77.02 g。

 花

　　花蕾红色，花瓣重叠而生，椭圆形。花朵坐果率 54.73%，花序坐果率 94.12%。显蕾期 3 月 19 日左右，花序伸长期 3 月 30 日左右，花序分离期 4 月 7 日左右，初花期 4 月 11 日左右，盛花期 4 月 13 日左右，落花期 4 月 18 日左右，果实 9 月底到 10 月上旬成熟。

果

果梗平均粗度 2.67 mm，长度 25.30 mm，梗洼中深、中广，萼片聚合、残存，萼洼中深、广。果实近圆形，着浓红色，着色类型为混合型，有蜡质，有果粉，无果棱，果点中等。果肉呈黄白色，汁液多，果肉细脆，香气淡。果面较平滑，光洁度 3 级。

果实平均横径 81.08 mm，纵径 67.06 mm，果形指数 0.83，平均单果重 212.18 g。心室 5 个，半开状，平均种子数量 8 个。可溶性固形物平均含量 12.30%，可滴定酸含量 0.49%，糖酸比 26.63，偏斜率 12.88%，果肉硬度 6.29 kg/cm^2。

该品种连续结果能力强，果实品质上等，极耐贮藏，在冷库贮藏条件下可贮藏至翌年 5 月。

石富短枝

石富短枝为河北省农林科学院石家庄果树研究所培育的"长富 2 号"芽变品种，2009 年 12 月通过河北省审定。

调查植株 2012 年定植，乔化，2017 年高接，基砧为新疆野苹果。

枝

树姿直立，一年生枝尖削度小，褐色，茸毛中等，皮孔中密，数量多且小，芽体三角形，平均芽间距 2.21 cm。外围一年生枝平均长度 45.80 cm，春梢平均长度 42.00 cm，秋梢平均长度 19.50 cm，长、中、短枝比例分别占 100%、0%、0%。

叶

叶片平均纵径 7.04 cm、横径 4.08 cm，叶柄平均长 3.37 cm。叶色绿，叶尖渐尖，叶形长圆形，叶缘呈锐锯齿状。叶姿斜向上，叶面平展，叶背绒毛稀疏。叶片平均厚度 0.37 mm，叶绿素含量 33.90 spad，平均百叶鲜重 56.07 g。

花

花蕾粉红色，花瓣邻接而生，圆形。花朵坐果率 84.78%，花序坐果率 100%。显蕾期 3 月 28 日左右，花序伸长期 4 月 5 日左右，花序分离期 4 月 9 日左右，初花期 4 月 13 日左右，盛花期 4 月 16 日左右，落花期 4 月 20 日左右，果实 9 月底到 10 月上旬成熟。

🍎 果

　　果梗平均粗度 2.68 mm，长度 27.10 mm，梗洼深、广，萼片聚合、残存，萼洼中深、广。果实近圆形，条红，着色程度中等，有蜡质，有果粉，无果棱，果点小。汁液中多，果肉脆度中等，香气淡。果面平滑，光洁度 4 级。

　　果实平均横径 82.64 mm，纵径 66.04 mm，果形指数 0.80，平均单果重 198.39 g。心室 5 个，半开状，平均种子数量 10 个。可溶性固形物平均含量 14.00%，可滴定酸含量 0.29%，糖酸比 48.80，偏斜率 17.32%，果肉硬度 6.83 kg/cm^2。

　　该品种极易成花，坐果率高，早果、丰产、稳产，抗逆性强。果实肉质松脆，酸甜适口，品质上等。

24

美 味

　　美味亲本可能是金冠 × 元帅，属偶然实生，是 Wilfred Mennell 和 Robert Mennell 在加拿大不列颠哥伦比亚省考斯顿 (Cawston) 地区的一个新改植乔纳金苹果园内发现的。

　　调查植株 2016 年引入本站，M26 矮化自根砧。

枝

树姿抱合，一年生枝尖削度小，褐色，茸毛多，皮孔中密，数量中等，皮孔大，芽体三角形，平均芽间距 1.77 cm。外围一年生枝平均长度 46.25 cm，春梢平均长度 13.84 cm，秋梢平均长度 12.78 cm，长、中、短枝比例分别占 36.96%、23.91%、39.13%。

 叶

叶片平均纵径 8.28 cm、横径 4.30 cm，叶柄平均长 2.98 cm。叶色绿，叶尖渐尖，叶形长圆形，叶缘呈钝锯齿状。叶姿斜向上，叶面平展，叶背绒毛中等。叶片平均厚度 0.35 mm，叶绿素含量 42.80 spad，平均百叶鲜重 70.30 g。

花

花蕾紫红色，花瓣离生，椭圆形。花朵坐果率 67.94%，花序坐果率 83.87%。显蕾期 3 月 24 日左右，花序伸长期 4 月 4 日左右，花序分离期 4 月 11 日左右，初花期 4 月 14 日左右，盛花期 4 月 19 日左右，落花期 4 月 23 日左右，果实 9 月下旬成熟。

果

　　果梗平均粗度 2.43 mm，长度 21.60 mm，梗洼中深、广，萼片聚合、残存，萼洼浅、广。果实圆锥形或圆柱形，条红，着色程度中等，有蜡质，有果粉，有果棱，果点小。汁液中多，果肉细脆，香气淡。果面平滑，光洁度 4 级。

　　果实平均横径 73.45 mm，纵径 65.84 mm，果形指数 0.90，平均单果重 180.00 g。心室 5 个，闭合状，平均种子数量 9 个。可溶性固形物平均含量 11.90%，可滴定酸含量 0.32%，糖酸比 38.57，偏斜率 7.30%，果肉硬度 7.03 kg/cm^2。

　　该品种果实肉质细、脆硬，风味甜，品质上等，且耐贮藏，普通冷藏可贮藏 4 个月。但有轻微裂果现象。

富士王

品种来源不详。

调查植株 2013 年引入本站，M26 矮化中间砧，基砧为八棱海棠。

枝

树姿直立，一年生枝尖削度小，灰褐色，茸毛多，皮孔密，数量多且小，芽体三角形，平均芽间距 2.14 cm。外围一年生枝平均长度 77.40 cm，春梢平均长度 18.94 cm，无秋梢，长、中、短枝比例分别占 43.75%、29.17%、27.08%。

叶

叶片平均纵径 7.66 cm、横径 4.84 cm，叶柄平均长 2.93 cm。叶色绿，叶尖渐尖，叶形卵圆形，叶缘呈锐锯齿状。叶姿斜向上，叶面平展，叶背绒毛中等。叶片平均厚度 0.42 mm，叶绿素含量 34.30 spad，平均百叶鲜重 77.04 g。

花

花蕾紫红色，花瓣重叠而生，卵圆形。花朵坐果率 74.59%，花序坐果率 100%。显蕾期 3 月 20 日左右，花序伸长期 4 月 1 日左右，花序分离期 4 月 8 日左右，初花期 4 月 12 日左右，盛花期 4 月 15 日左右，落花期 4 月 19 日左右，果实 10 月上旬成熟。

果

果梗平均粗度 2.57 mm，长度 24.80 mm，梗洼深、广，萼片反卷、残存，萼洼中深、中广。果实卵圆形，条红，着色程度中等，有蜡质，有果粉，无果棱，果点中等。汁液多，果肉细脆，无香气。果面较光滑，光洁度 3 级。

果实平均横径 83.47 mm。纵径 72.71 mm，果形指数 0.87，平均单果重 241.88 g。心室 5 个，半开状，平均种子数量 7.70 个。套袋果可溶性固形物平均含量 13.00%，可滴定酸含量 0.35%，糖酸比 37.14，偏斜率 11.35%，果肉硬度 6.13 kg/cm^2；光果可溶性固形物平均含量 14.10%，可滴定酸含量 0.34%，糖酸比 41.41，偏斜率 18.95%，果肉硬度 6.43 kg/cm^2。

该品种坐果率较高，具有抗病性；果实风味酸甜，微有香气。但果实成熟后期水心病、霉心病较重。

富士冠军

富士冠军为皇家富士的芽变品种，2004 年由陕西省果树良种苗木繁育中心从日本长野县引进。

调查植株 2016 年引入本站，M26 矮化自根砧。

 枝

树姿直立，一年生枝尖削度小，红褐色，茸毛少，皮孔密，数量多且小，芽体三角形，平均芽间距 1.86 cm。外围一年生枝平均长度 37.40 cm，春梢平均长度 14.45 cm，秋梢平均长度 17.75 cm，长、中、短枝比例分别占 41.38%、34.48%、24.13%。

 叶

叶片平均纵径 7.83 cm、横径 5.01 cm，叶柄平均长 3.13 cm。叶色绿，叶尖渐尖，叶形卵圆形，叶缘呈锐锯齿状。叶姿斜向上，叶面抱合，叶背绒毛稀疏。叶片平均厚度 0.38 mm，叶绿素含量 34.00 spad，平均百叶鲜重 74.41g。

 花

花蕾紫红色，花瓣邻接而生，卵圆形。花朵坐果率 35.65%，花序坐果率 69.77%。显蕾期 3 月 21 日左右，花序伸长期 3 月 31 日左右，花序分离期 4

月 7 日左右，初花期 4 月 12 日左右，盛花期 4 月 14 日左右，落花期 4 月 18 日左右，果实 10 月上旬成熟。

 果

果梗平均粗度 2.11 mm，长度 28.30 mm，梗洼中深、广，萼片聚合、残存，萼洼中深、中广。果实近圆形，条红，着色程度中等，有蜡质，有果粉，无果棱，果点大小中等。果肉黄白色，汁液多，果肉细脆，香气淡。果面较光滑，光洁度 3 级。

果实平均横径 83.89 mm，纵径 67.06 mm，果形指数 0.80，平均单果重 243.40 g。心室 5 个，半开状，平均种子数量 9 个。套袋果可溶性固形物平均含量 15.10%，可滴定酸含量 0.45%，糖酸比 33.51，偏斜率 1.45%，果肉硬度 7.55 kg/cm^2；光果可溶性固形物平均含量 16.30%，可滴定酸含量 0.61%，糖酸比 26.72，偏斜率 26.33%，果肉硬度 7.00 kg/cm^2。

该品种丰产性好，无生理落果及采前落果现象，抗病性强；果肉黄白色，味浓，品质极上，耐贮藏。但果实成熟后期水心病、霉心病多发。

㉗

瑞 阳

瑞阳亲本为秦冠 × 长富 2 号，由西北农林科技大学赵政阳团队选育，2015 年通过陕西省果树品种审定委员会审定。

一、瑞阳在矮砧上的表现

调查植株 2013 年定植，2015 年高接，M26 矮化中间砧，基砧为八棱海棠。

枝

　　树姿直立，一年生枝尖削度小，红褐色，茸毛多，皮孔中密，数量中等且小，芽体三角形，平均芽间距 2.25 cm。外围一年生枝平均长度 48.65 cm，春梢平均长度 31.56 cm，秋梢平均长度 7.00 cm，长、中、短枝比例分别占 72.00%、20.00%、8.00%。

 叶

　　叶片平均纵径 8.55 cm、横径 5.01 cm，叶柄平均长 2.93 cm。叶色浓绿，叶尖渐尖，叶形长圆形或卵圆形，叶缘呈锐锯齿状。叶姿斜向上，叶面平展，叶背绒毛稀疏。叶片平均厚度 0.37 mm，叶绿素含量 34.40 spad，平均百叶鲜重 66.43 g。

 花

　　花蕾紫红色，花瓣重叠而生，卵圆形。花朵坐果率 82.53%，花序坐果率 98.08%。显蕾期 3 月 27 日左右，花序伸长期 4 月 9 日左右，花序分离期 4 月 13 日左右，初花期 4 月 15 日左右，盛花期 4 月 21 日左右，落花期 4 月 25 日左右，果实 10 月上旬成熟。

果

　　果梗平均粗度 2.70 mm，长度 23.7 mm，梗洼深、广，萼片聚合、残存，萼洼中深、广。果实圆锥形，着浓红色，着色类型混合型，有蜡质，有果粉，无果棱，果点小。汁液多，果肉细脆，无香气。果面光滑，光洁度 4 级。

果实平均横径 87.08 mm，纵径 72.94 mm，果形指数 0.84,平均单果重 267.37 g。心室 5 个，闭合状，平均种子数量 9 个。套袋果可溶性固形物平均含量 12.30%，可滴定酸含量 0.35%，糖酸比 35.06，偏斜率 10.14%，果肉硬度 6.12 kg/cm²；光果可溶性固形物平均含量 12.40%，可滴定酸含量 0.44%，糖酸比 28.18，偏斜率 6.10%，果肉硬度 6.25 kg/cm²。

二、瑞阳在乔砧上的表现

调查植株 2012 年定植，2016 年高接，基砧为新疆野苹果。

枝

树势强旺，树姿直立，一年生枝尖削度小，褐色，茸毛多，皮孔疏，数量少且小，芽体三角形，平均芽间距 1.81 cm。外围一年生枝平均长度 62.96 cm，春梢平均长度 35.42 cm，秋梢平均长度 19.67 cm，长、中、短枝比例分别占 70.75%、25.47%、3.77%。

叶

叶片平均纵径 7.12 cm、横径 4.08 cm，叶柄平均长 2.36 cm。叶色浓绿，叶尖渐尖，叶形长圆形，叶缘呈锐锯齿状。叶姿斜向上，叶面平展，叶背绒毛中等。叶片平均厚度 0.41 mm，叶绿素含量 33.40 spad，平均百叶鲜重 64.61 g。

花

花蕾红色，花瓣相对离生，椭圆形。花朵坐果率 91.76%，花序坐果率 98.08%。显蕾期 3 月 29 日左右，花序伸长期 4 月 8 日左右，花序分离期 4 月 13 日左右，初花期 4 月 15 日左右，盛花期 4 月 20 日左右，落花期 4 月 23 日左右，果实 10 月上旬成熟。

果

果梗平均粗度 2.20 mm，果梗长度 22.00 mm，梗洼浅、中广，萼片聚合、残存，萼洼浅、广。果实圆锥形，着浓红色，着色类型混合型，有蜡质，有果粉，无果棱，果点小。汁液多，果肉细脆，香气淡。果面平滑，光洁度3级偏4级。

果实平均横径79.33 mm，纵径68.74 mm，果形指数0.87，平均单果重204.46 g；心室5个，半开状，平均种子数量9.60个。套袋果可溶性固形物平均含量11.10%，可滴定酸含量0.28%，糖酸比39.64，偏斜率9.29%，果肉硬度6.20 kg/cm^2。光果可溶性固形物平均含量11.60%，可滴定酸含量0.26%，糖酸比44.73，偏斜率5.64%，果肉硬度6.15 kg/cm^2。

该品种早果丰产，果个大，易管理，耐贮藏，品质接近富士。但叶片易感白粉病，果实偶有水心病和霉心病现象。

2001 富士

2001 富士是富士枝变选育的优良单系，1993 年由日本引入青岛。调查植株 2017 年引入本站，G935 抗重茬砧木。

树姿直立，一年生枝尖削度中，灰褐色，茸毛中等，皮孔中密，数量中等且小，芽体三角形，平均芽间距 1.73 cm。外围一年生枝平均长度 61.65 cm，春梢平均长度 19.90 cm，秋梢平均长度 21.90 cm，长、中、短枝比例分别占 51.72%、39.08%、9.20%。

叶片平均纵径 7.38 cm、横径 4.74 cm，叶柄平均长 2.72 cm。叶色绿色，部分浓绿，叶尖锐尖，叶形卵圆形，叶缘呈锐锯齿状。叶姿斜向上，叶面平展，叶背绒毛中等偏稀。叶片平均厚度 0.41 mm，叶绿素含量 31.30 spad，平均百叶鲜重 62.90 g。

花蕾粉红色，花瓣离生，椭圆形。花朵坐果率 43.89%，花序坐果率 89.58%。显蕾期 3 月 27 日左右，花序伸长期 4 月 7 日左右，花序分离期 4 月 9 日左右，初花期 4 月 12 日左右，盛花期 4 月 18 日左右，落花期 4 月 21 日左右，果实 10 月上旬成熟。

果

果梗平均粗度 3.83 mm，长度 29.30 mm，梗洼中深、广，萼片反卷、宿存，萼洼中深、广。果实偏斜形，着色浅，条红，有蜡质，有果粉，无果棱，果点中等。汁液多，果肉脆，香气淡。果面较平滑，光洁度 3 级。

果实平均横径 87.74 mm，纵径 75.30 mm，果形指数 0.86，平均单果重 286.68 g。心室 5 个，闭合状，平均种子数量 6 个。套袋果可溶性固形物平均含量 15.43%，可滴定酸含量 0.64%，糖酸比 24.11，偏斜率 13.83%，果肉硬度 7.82 kg/cm²；光果可溶性固形物平均含量 15.70%，可滴定酸含量 0.69%，糖酸比 22.75，偏斜率 34.17%，果肉硬度 8.08 kg/cm²。

该品种结果早，丰产性好，适应性强，果实肉质较脆。但成熟果实易发生水心病。

㉙

天红 2 号

该品种是红富士短枝型株变，2005 年通过河北省林木品种审定委员会审定。调查植株 2012 年定植，乔化，2017 年高接，基砧为新疆野苹果。

 枝

树姿直立，一年生枝尖削度小，红褐色，茸毛多，皮孔稀疏，数量少，中等大小，芽体三角形，平均芽间距 1.77 cm。外围一年生枝平均长度 43.16 cm，春梢平均长度 28.82 cm, 秋梢平均长度 8.14 cm, 长、中、短枝比例分别占 63.64%、29.54%、6.82%。

叶

叶片平均纵径 7.17 cm、横径 4.36 cm, 叶柄平均长 3.16 cm。叶色浓绿, 叶尖渐尖, 叶形卵圆形, 叶缘呈锐锯齿状。叶姿斜向上, 叶面多皱, 叶背绒毛稀疏。叶片平均厚度 0.41 mm, 叶绿素含量 39.30 spad, 平均百叶鲜重 75.15 g。

花

花蕾红色, 花瓣相对离生, 卵圆形。花朵坐果率 48.48%, 花序坐果率 92.31%。显蕾期 3 月 26 日左右, 花序伸长期 4 月 6 日左右, 花序分离期 4 月 9 日左右, 初花期 4 月 14 日左右, 盛花期 4 月 18 日左右, 落花期 4 月 21 日左右, 果实 10 月上旬成熟。

果

果梗平均粗度 2.33 mm, 长度 24.40 mm, 梗洼中深、中广, 萼片反卷、残存, 萼洼中深、广。果实卵圆形, 着浓红色, 着色类型混合型, 有蜡质, 有果粉, 无果棱, 果点小。汁液多, 果肉细脆, 无香气。果面较平滑, 光洁度 3 级到 4 级。

果实平均横径 76.30 mm，纵径 67.08 mm，果形指数 0.88，平均单果重 192.57 g。心室 5 个，闭合状，平均种子数量 8 个。套袋果可溶性固形物平均含量 12.88%，可滴定酸含量 0.46%，糖酸比 28.00，偏斜率 1.69%，果肉硬度 6.56 kg/cm^2；光果可溶性固形物平均含量 14%，可滴定酸含量 0.34%，糖酸比 41.18，偏斜率 7.50%，果肉硬度 5.70 kg/cm^2。

该品种极易成花，连续结果能力强，果实香味浓，着色优良。

韩 6

韩 6 是西北农林科技大学韩明玉团队培育。

调查植株 2013 年引入本站，芽苗，M9T337 矮化自根砧。

 枝

　　树姿直立，一年生枝尖削度小，褐色，茸毛多，皮孔中密，数量中等，皮孔小，芽体三角形，平均芽间距 2.27 cm。外围一年生枝平均长度 34.37 cm，春梢平均长度 19.83 cm,秋梢平均长度 9.50 cm，长、中、短枝比例分别占 55.56%、36.11%、8.33%。

▶ 叶

叶片平均纵径 8.00 cm、横径 4.51 cm，叶柄平均长 3.43 cm。叶色浓绿偏绿，叶尖渐尖，叶形长圆形，叶缘呈锐锯齿状。叶姿斜向上，叶面抱合，叶背绒毛稀疏。叶片平均厚度 0.40 mm，叶绿素含量 35.30 spad，平均百叶鲜重 68.24 g。

🍎 花

花蕾粉红色，花瓣离生，卵圆形。花朵坐果率 64.57%，花序坐果率 94.12%。显蕾期 3 月 23 日左右，花序伸长期 4 月 5 日左右，花序分离期 4 月 9 日左右，初花期 4 月 13 日左右，盛花期 4 月 15 日左右，落花期 4 月 19 日左右，果实 10 月上旬成熟。

🍎 果

果梗平均粗度 2.57 mm，长度 26.90 mm，梗洼中深、广，萼片反卷、残存，萼洼中深、广。果实卵圆形，片红，着浓红色，有蜡质，有果粉，有果棱，果点中等。汁液多，果肉细脆，无香气。果面较平滑，光洁度 3 级。

果实平均横径 82.25 mm，纵径 68.30 mm，果形指数 0.83，平均单果重 226.26 g。心室 5 个，半开状，平均种子数量 11 个。套袋果可溶性固形物平均含量 10.80%，可滴定酸含量 0.31%，糖酸比 34.94，偏斜率 11.57%，果肉硬度 5.94 kg/cm^2；光果可溶性固形物平均含量 10.70%，可滴定酸含量 0.36%，糖酸比 29.81，偏斜率 13.13%，果肉硬度 6.33 kg/cm^2。

该品种果实成熟后常见水心病、霉心病发生。

福金（富金）

福金是意大利品种。

调查植株 2013 年定植，2018 年高接，M26 矮化中间砧，基砧为八棱海棠。

 枝

树姿较开张，一年生枝尖削度中等，灰褐色，茸毛多，皮孔密，数量多，中等大小，芽体三角形，平均芽间距 1.95 cm。外围一年生枝平均长度 44.58 cm，春梢平均长度 7.00 cm，无秋梢，长、中、短枝比例分别占 0%、50.00%、50.00%。

 叶

叶片平均纵径 7.14 cm、横径 4.58 cm，叶柄平均长 2.90 cm。叶色绿偏浓绿，叶尖渐尖，叶形卵圆形，叶缘呈锐锯齿状。叶姿斜向上，叶面抱合，叶背绒毛中等。叶片平均厚度 0.40 mm，叶绿素含量 31.80 spad，平均百叶鲜重 55.13 g。

 花

花蕾粉红色，花瓣离生，卵圆形。花朵坐果率 56.58%，花序坐果率 87.23%。显蕾期 3 月 28 日左右，花序伸长期 4 月 8 日左右，花序分离期 4 月 11 日左右，初花期 4 月 14 日左右，盛花期 4 月 16 日左右，落花期 4 月 20 日左右，果实 10 月上旬成熟。

 果

果梗平均粗度 2.67 mm，长度 30.60 mm，梗洼中深、广，萼片反卷、残存，萼洼浅、广。果实近圆形，片红，着浓红色，有蜡质，有果粉，无果棱，果点大。汁液多，果肉细脆，香气淡。果面较平滑，光洁度 3 级。

　　果实平均横径 82.52 mm，纵径 67.82 mm，果形指数 0.82，平均单果重 224.83 g。心室 5 个，闭合状，平均种子数量 8 个。套袋果可溶性固形物平均含量 13.56%，可滴定酸含量 0.39%，糖酸比 34.77，偏斜率 7.25%，果肉硬度 6.68 kg/cm^2；光果可溶性固形物平均含量 13.90%，可滴定酸含量 0.52%，糖酸比 26.73，偏斜率 8.16%，果肉硬度 6.53 kg/cm^2。

　　该品种易成花，连续结果能力强，无大小年现象；果实耐贮藏，冷库贮藏可到翌年 3 月。但果实成熟后水心病多发。

烟富10号

烟富10号由烟台果树研究所从烟富3号的芽变品种中选育，2012年通过品种审定。

调查植株2018年引入本站，M9T337矮化自根砧。

枝

树姿直立，一年生枝尖削度小，紫褐色，茸毛多，皮孔密，数量多且小，芽体三角形，平均芽间距 2.03 cm。外围一年生枝平均长度 57.14 cm，春梢平均长度 27.63 cm，秋梢平均长度 11.00 cm，长、中、短枝比例分别占 69.10%、21.81%、9.09%。

 叶

叶片平均纵径 7.44 cm、横径 4.56 cm，叶柄平均长 2.85 cm。叶色浓绿，叶尖锐尖，叶形卵圆形，叶缘呈锐锯齿状。叶姿斜向上，叶面平展，叶背绒毛中等。叶片平均厚度 0.41 mm，叶绿素含量 40.30 spad，平均百叶鲜重 82.49 g。

 花

花蕾粉红色，花瓣重叠而生，卵圆形。花朵坐果率 79.78%，花序坐果率 100%。显蕾期 3 月 25 日左右，花序伸长期 4 月 5 日左右，花序分离期 4 月 9 日左右，初花期 4 月 15 日左右，盛花期 4 月 19 日左右，落花期 4 月 21 日左右，果实 10 月上旬成熟。

果

果梗平均粗度 2.59 mm，长度 24.50 mm，梗洼中深、中广，萼片反卷、残存，萼洼中深、广。果实圆锥形，片红，着浓红色，有蜡质，有果粉，无果棱，果点大。汁液多，果肉脆度中等，香气淡。果面较平滑，光洁度 3 级。

果实平均横径 83.48 mm，纵径 70.44 mm，果形指数 0.85，平均单果重 242.58 g。心室 5 个，半开状，平均种子数量 6 个。套袋果可溶性固形物平均含量 13.65%，可滴定酸含量 0.57%，糖酸比 27.35，偏斜率 10.16%，果肉硬度 7.09 kg/cm²；光果可溶性固形物平均含量 14.10%，可滴定酸含量 0.49%，糖酸比 28.78，偏斜率 2.58%，果肉硬度 7.68 kg/cm²。

该品种易丰产，很少有生理落果和采前落果现象。但果实种子发育不健全，后期有水心病发生。

长富 2 号

日本在富士芽变系中选出的浓红型品种,1980 年引入我国。

一、长富 2 号在矮砧上的表现

调查植株 2013 年引入本站，M26 矮化中间砧，基砧为八棱海棠。

枝

树姿直立，一年生枝尖削度小，灰褐色，茸毛中等，皮孔密，数量多且小，芽体三角形，平均芽间距 2.71 cm。外围一年生枝平均长度 53.30 cm，春梢平均长度 26.92 cm，秋梢平均长度 4.00 cm，长、中、短枝比例分别占 64.58%、27.08%、8.33%。

 叶

叶片平均纵径 8.34 cm、横径 5.11 cm，叶柄平均长 3.06 cm。叶色浓绿，叶尖钝尖，叶形卵圆形或长圆形，叶缘呈锐锯齿状。叶姿斜向上，叶面平展，叶背绒毛中等偏厚。叶片平均厚度 0.39 mm，叶绿素含量 40.20 spad，平均百叶鲜重 79.47 g。

 花

花蕾粉红色，花瓣重叠而生，圆形。花朵坐果率 71.20%，花序坐果率 100%。显蕾期 3 月 25 日左右，花序伸长期 4 月 5 日左右，花序分离期 4 月 9 日左右，初花期 4 月 13 日左右，盛花期 4 月 15 日左右，落花期 4 月 19 日左右，果实 10 月上旬成熟。

果

　　果梗平均粗度 2.58 mm，长度 28.50 mm，梗洼中深、广，萼片反卷、残存，萼洼中深、广。果实卵圆形，条红，着色程度中等，有蜡质，有果粉，无果棱（少部分有果棱），果点中等。汁液多，香气淡，果肉黄白色，肉质细脆，甜酸适口。果面较平滑，光洁度 3 级。

　　果实平均横径 84.76 mm，纵径 75.37 mm，果形指数 0.89，平均单果重 262.88 g。心室 5 个，半开状，平均种子数量 10 个。套袋果可溶性固形物平均

含量 12.85%，可滴定酸含量 0.37%，糖酸比 34.73，偏斜率 7.78%，果肉硬度 6.14 kg/cm²；光果可溶性固形物平均含量 13.60%，可滴定酸含量 0.31%，糖酸比 43.87，偏斜率 21.64%，果肉硬度 6.70 kg/cm²。

二、长富 2 号在乔砧上的表现

调查植株 2012 年引入本站，基砧为新疆野苹果。

 枝

树姿直立，一年生枝尖削度小，紫红色，茸毛多，皮孔中密，数量、大小中等，芽体三角形，平均芽间距 2.20 cm。外围一年生枝平均长度 57.47 cm，春梢平均长度 29.71 cm，秋梢平均长度 17.06 cm，长、中、短枝比例分别占 70.87%、18.90%、10.23%。

 叶

叶片平均纵径 7.98 cm、横径 5.16 cm，叶柄平均长 2.93 cm。叶色浓绿，叶尖锐尖，叶形卵圆形，叶缘呈锐锯齿状。叶姿斜向上，叶面平展，叶背绒毛厚密。叶片平均厚度 0.39 mm，叶绿素含量 35.50 spad，平均百叶鲜重 81.20 g。

 花

花蕾红色，花瓣重叠而生，圆形。花朵坐果率 83.08%，花序坐果率 98.08%。显蕾期 3 月 25 日左右，花序伸长期 4 月 5 日左右，花序分离期 4 月 9 日左右，初花期 4 月 13 日左右，盛花期 4 月 15 日左右，落花期 4 月 19 日左右，果实 10 月上旬成熟。

果

果梗平均粗度 2.45 mm，长度 28.70 mm，梗洼深、狭，萼片聚合、残存，萼洼中深、狭。果实卵圆形，条红，着浓红色，有蜡质，有果粉，无果棱，果点小。汁液多，果肉细脆，香气淡。果面平滑，光洁度 4 级。

平均横径 82.06 mm，纵径 76.46 mm，果形指数 0.93，平均单果重 261.31 g。心室 5 个，半开状，平均种子数量 8 个。套袋果可溶性固形物平均含量 12.2%，可滴定酸含量 0.35%，糖酸比 34.77，偏斜率 0.52%，果肉硬度 6.47 kg/cm^2；光果可溶性固形物平均含量 12.70%，可滴定酸含量 0.46%，糖酸比 27.54，偏斜率 4.83%，果肉硬度 6.58 kg/cm^2。

该品种易形成短果枝，结果较早，丰产性强；果实酸甜适口，芳香味浓，品质极佳，耐贮藏。抗寒性弱，但果实在成熟后期水心病多发。

烟富 3 号

烟富 3 号是山东烟台果树研究所从长富 2 号中选育，1997 年通过品种审定。调查植株 2017 年引入本站，G935 抗重茬砧木。

枝

树姿直立，一年生枝尖削度小，紫褐色，茸毛多，皮孔密，数量多，中等大小，芽体三角形，平均芽间距 2.09 cm。外围一年生枝平均长度 64.42 cm，春梢平均长度 23.45 cm，秋梢平均长度 16.50 cm，长、中、短枝比例分别占 58.18%、30.91%、10.91%。

 叶

叶片平均纵径 6.43 cm、横径 3.87 cm，叶柄平均长 2.57 cm。叶色浓绿，叶尖渐尖，叶形卵圆形或长圆形，叶缘呈锐锯齿状，叶姿斜向上，叶面平展，叶背绒毛稀疏。叶片平均厚度 0.38 mm，叶绿素含量 32.40 spad，平均百叶鲜重 64.54 g。

 花

花蕾粉红，花瓣重叠而生，椭圆形。花朵坐果率 49.80%，花序坐果率 100%。显蕾期 3 月 26 日左右，花序伸长期 4 月 5 日左右，花序分离期 4 月 9 日左右，初花期 4 月 13 日左右，盛花期 4 月 17 日左右，落花期 4 月 22 日左右，果实 10 月上旬成熟。

 果

果梗平均粗度 4.52 mm，长度 25.10 mm。梗洼中深、广，萼片聚合、残存，萼洼中深、广。果实近圆形，果面着浓红色，片红，有蜡质，有果粉，无果棱，果点大。汁液多，香气淡，果肉细脆。果面粗糙，光洁度 2 级。

果实平均横径 86.25 mm，纵径 70.30 mm，果形指数 0.82，平均单果重 270.85 g。心室 5 个，半开状，平均种子数量 7 个。可溶性固形物平均含量 14.30%，可滴定酸含量 0.51%，糖酸比 28.10，偏斜率 4.97%，果肉硬度 8.43 kg/cm^2。

福布拉斯

福布拉斯，意大利选自酷奇富士自然变异品种，由华圣果业有限责任公司 2015 年从欧洲引入我国。

一、福布拉斯在矮化中间砧上的表现

调查植株 2018 年引入本站，M26 矮化中间砧，基砧为八棱海棠。

枝

树姿直立,一年生枝尖削度小,紫褐色,茸毛中等,皮孔稀疏,数量少且小,芽体三角形,平均芽间距 2.31 cm。外围一年生枝平均长度 75.75 cm,春梢平均长度 51.48 cm,无秋梢,长、中、短枝比例分别占 85.19%、11.11%、3.70%。

 叶

叶片平均纵径 7.37 cm、横径 4.70 cm,叶柄平均长 2.96 cm。叶色浓绿,叶尖锐尖,叶形卵圆形,叶缘呈锐锯齿状。叶姿斜向上,叶面抱合,叶背绒毛中等偏厚。叶片平均厚度 0.42 mm,叶绿素含量 34.00 spad,平均百叶鲜重 74.46 g。

🍎 花

花蕾粉红色，花瓣邻接而生，卵圆形。花朵坐果率69.76%，花序坐果率97.96%。显蕾期3月23日左右，花序伸长期4月1日左右，花序分离期4月8日左右，初花期4月13日左右，盛花期4月15日左右，落花期4月21日左右，果实10月上旬成熟。

🍎 果

果梗平均粗度3.01 mm，长度30.80 mm，梗洼中深、广，萼片反卷、残存，萼洼中深、广。果实卵圆形，着浓红色，套袋果呈条红状，光果呈片红状，有蜡质，有果粉，无果棱，果点中等。汁液多，果肉细脆，香气淡。果面较光滑，光洁度3级。

　　果实平均横径 93.67 mm，纵径 76.55 mm，果形指数 0.82，平均单果重 329.61 g。心室 5 个，闭合状，平均种子数量 7 个。套袋果可溶性固形物平均含量 13.78%，可滴定酸含量 0.42%，糖酸比 34.29，偏斜率 18.06%，果肉硬度 6.55 kg/cm²；光果可溶性固形物平均含量 14.70%，可滴定酸含量 0.48%，糖酸比 30.69，偏斜率 6.95%，果肉硬度 7.00 kg/cm²。

二、福布拉斯在 M9T337 砧木上的表现

　　调查植株 2017 年引入本站，M9T337 矮化自根砧。

 枝

　　树姿直立，一年生枝尖削度小，紫褐色，茸毛中等，皮孔稀疏，数量少且小，芽体三角形，平均芽间距 2.08 cm。外围一年生枝平均长度 27.30 cm，春梢平均长度 29.86 cm，秋梢平均长度 7.67 cm，长、中、短枝比例分别占 64.29%、25.00%、10.71%。

叶

叶片平均纵径 6.61 cm、横径 4.11 cm,叶柄平均长 2.61 cm。叶色浓绿,叶尖渐尖,叶形卵圆形,叶缘呈锐锯齿状。叶姿斜向上,叶面抱合,叶背绒毛中等。叶片平均厚度 0.37 mm,叶绿素含量 34.10 spad,平均百叶鲜重 66.23 g。

 花

花蕾粉红,花瓣邻接而生,卵圆形。花朵坐果率 53.47%,花序坐果率 92.00%。显蕾期 3 月 23 日左右,花序伸长期 4 月 1 日左右,花序分离期 4 月 8 日左右,初花期 4 月 13 日左右,盛花期 4 月 15 日左右,落花期 4 月 20 日左右,果实 10 月上旬成熟。

 果

果梗平均粗度 2.82 mm,长度 26.30 mm,梗洼中深、广,萼片反卷、残存,萼洼中深、中广。果实近圆形,条红,着浓红色,有蜡质,有果粉,无果棱,果点较大。汁液多,果肉细脆,香气淡。果面较光滑,光洁度 3 级。

果实平均横径 87.72 mm,纵径 71.77 mm,果形指数 0.82,平均单果重 265.12 g。心室 5 个,半开状,平均种子数量 10 个。套袋果可溶性固形物平均含量 13.20%，可滴定酸含量 0.34%，糖酸比 38.91，偏斜率 15.07%，果肉硬度 6.59 kg/cm^2；光果可溶性固形物平均含量 14.05%，可滴定酸含量 0.32%，糖酸比 45.22，偏斜率 10.36%，果肉硬度 6.70 kg/cm^2。

该品种耐贮藏，冷库贮藏可到翌年 3 月。但叶片较易感白粉病，果实成熟后期水心病严重。

36

秦 脆

秦脆亲本为富士 × 蜜脆，由西北农林科技大学马锋旺团队选育。2016 年通过陕西省果树品种审定委员会审定。

调查植株 2013 年定植，2019 年高接，M26 矮化中间砧，基砧为八棱海棠。

 枝

树姿直立，一年生枝尖削度小，紫褐色，茸毛中等，皮孔密，数量多，中等大小，芽体三角形，平均芽间距 2.71 cm。外围一年生枝平均长度 73.70 cm，春梢平均长度46.92 cm,秋梢平均长度11.00 cm,长、中、短枝比例分别占78.95%、5.26%、15.79%。

叶

叶片平均纵径7.77 cm、横径5.24 cm,叶柄平均长3.27 cm。叶色绿,叶尖渐尖,叶形卵圆形,叶缘呈锐锯齿状。叶姿水平,叶面多皱偏反卷,叶背绒毛稀疏。叶片平均厚度0.36 mm,叶绿素含量41.30 spad,平均百叶鲜重112.78 g。

🍎花

花蕾粉红色,花瓣重叠而生,圆形。花朵坐果率83.52%,花序坐果率97.92%。显蕾期3月22日左右,花序伸长期4月9日左右,花序分离期4月

13 日左右，初花期 4 月 14 日左右，盛花期 4 月 20 日左右，落花期 4 月 24 日
左右，果实 10 月上旬成熟。

 果

　　果梗平均粗度 2.76 mm，长度 22.00 mm，梗洼中深、中广，萼片聚合、脱落，
萼洼深，中广。果实圆柱形，着色程度中等，片红，有蜡质，有果粉，无果棱，
果点小。汁多，果肉脆，酸甜适中，无香气。果面较平滑，光洁度 3 级。

　　果实平均横径 93.12 mm，纵径 78.13 mm，果形指数 0.84，平均单果重 363.88 g。
心室 5 个，闭合状，平均种子数量 8 个。可溶性固形物平均含量 11.04%，可滴
定酸含量 0.49%，糖酸比 22.53，偏斜率 6.07%，果肉硬度 8.19 kg/cm^2。

　　该品种早果、丰产，果实酸甜可口，品质上乘，耐贮藏。但其砧穗亲和
力一般，易出现"大脚"现象，果实易感苦痘病。

礼富 1 号

礼富 1 号是礼泉县园艺站在 20 世纪 90 年代从日本富士接穗中选育，经陕西省农作物品种委员会审定通过。

调查植株 2015 年引入本站，M26 矮化中间砧，基砧八棱海棠。

树姿直立，一年生枝尖削度小，褐色，茸毛多，皮孔密，数量多且小，芽体三角形，平均芽间距 2.15 cm。外围一年生枝平均长度 45.47 cm，春梢平均长度 21.00 cm，秋梢平均长度 7.67 cm，长、中、短枝比例分别占 44.44%、44.44%、11.11%。

叶

叶片平均纵径 7.30 cm、横径 4.55 cm，叶柄平均长 3.00 cm。叶色浓绿，叶尖渐尖，叶形长圆形，叶缘呈锐锯齿状。叶姿斜向上，叶面平展，叶背绒毛厚密。叶片平均厚度 0.37 mm，叶绿素含量 36.60 spad，平均百叶鲜重 68.36 g。

花

花蕾粉红色，花瓣邻接而生，椭圆形。花朵坐果率 67.57%，花序坐果率 100%。显蕾期 3 月 24 日左右，花序伸长期 4 月 5 日左右，花序分离期 4 月 9 日左右，初花期 4 月 13 日左右，盛花期 4 月 15 日左右，落花期 4 月 19 日左右，果实 9 月底到 10 月上旬成熟。

果

果梗平均粗度 2.89 mm，长度 25.10 mm，梗洼中深、广，萼片反卷、残存，萼洼中深、广。果实卵圆形，果面着浓红色，片红，有蜡质，有果粉，无果棱，果点小。汁液多，果肉细脆，香气淡。果面平滑，光洁度 4 级。

果实平均横径 79.84 mm，纵径 70.61 mm，果形指数 0.88，平均单果重 238.07 g。心室 5 个，半开状，平均种子数量 10 个。可溶性固形物平均含量 12.1%，可滴定酸含量 0.31%，糖酸比 38.94，偏斜率 10.44%，果肉硬度 5.44 kg/cm²。

该品种果肉细脆多汁，品质佳，耐贮藏。

烟富 8 号

烟富 8 号是烟富 3 号芽变优系筛选培育出的新品种，2013 年 12 月通过国家审定，正式命名为烟富 8 号。

调查植株 2018 年引入本站，M26 矮化中间砧，基砧为八棱海棠。

 枝

树姿直立，一年生枝尖削度小，红褐色，茸毛中等，皮孔中密，数量中等，皮孔小，芽体三角形，平均芽间距 1.96 cm。外围一年生枝平均长度 55.47 cm，春梢平均长度 21.07 cm，秋梢平均长度 11.67 cm，长、中、短枝比例分别占 51.22%、26.83%、21.95%。

 叶

叶片平均纵径 7.04 cm、横径 4.94 cm，叶柄平均长 2.76 cm。叶色浓绿，叶尖渐尖，叶形卵圆形，叶缘呈锐锯齿状。叶姿水平，叶面抱合，叶背绒毛中等。叶片平均厚度 0.41 mm，叶绿素含量 35.10 spad，平均百叶鲜重 75.06 g。

 花

花蕾粉红色，花瓣相对离生，卵圆形。花朵坐果率 66.67%，花序坐果率 97.87%。显蕾期 3 月 19 日左右，花序伸长期 3 月 31 日左右，花序分离期 4

月 6 日左右，初花期 4 月 13 日左右，盛花期 4 月 15 日左右，落花期 4 月 20 日左右，果实 10 月上旬成熟。

 果

果梗平均粗度 2.39 mm，长度 25.60 mm，梗洼中深、广，萼片反卷、残存，萼洼中深、广。果实扁圆形，片红，着浓红色，有蜡质，有果粉，无果棱，果点大。汁液多，果肉细脆，香气淡。果面较平滑，光洁度 3 级。

果实平均横径 85.88 mm，纵径 65.72 mm，果形指数 0.77，平均单果重 240.24 g。心室 5 个，闭合状，平均种子数量 5 个。可溶性固形物平均含量 15.30%，可滴定酸含量 0.38%，糖酸比 40.26，偏斜率 18.23%，果肉硬度 6.78 kg/cm^2。

该品种易成花，丰产，连续结果能力强，抗性好；果实风味甜，微酸，品质上等，贮藏期和富士一致。但果实成熟后期有水心病发生。

阿珍富士

阿珍富士是 1996 年在新西兰尼尔森从富士浓红型株变选育而成的新品种。调查植株 2018 年引入本站，M26 矮化中间砧，基砧为八棱海棠。

 枝

树姿直立，一年生枝尖削度小，灰褐色，茸毛少，皮孔疏，数量少且小，芽体三角形，平均芽间距 1.76 cm。外围一年生枝平均长度 49.87 cm，春梢平均长度 22.71 cm，秋梢平均长度 11.50 cm，长、中、短枝比例分别占 40.66%、19.78%、39.56%。

 叶

叶片平均纵径 7.94 cm、横径 4.53 cm，叶柄平均长 3.19 cm。叶色绿，叶尖长尾尖，叶形长圆形，叶缘呈锐锯齿状。叶姿斜向上，叶面平展，叶背绒毛中等。叶片平均厚度 0.40 mm，叶绿素含量 32.30 spad，平均百叶鲜重 73.50 g。

 花

花蕾红色，花瓣相对离生，卵圆形。花朵坐果率 27.88%，花序坐果率 77.08%。显蕾期 3 月 18 日左右，花序伸长期 3 月 30 日左右，花序分离期 4

月 2 日左右，初花期 4 月 13 日左右，盛花期 4 月 15 日左右，落花期 4 月 20 日左右，果实 10 月上旬成熟。

 果

　　果梗平均粗度 3.62 mm，长度 36.10 mm，梗洼浅、广，萼片反卷、残存，萼洼中深、广。果实短圆锥形，条红，着浓红色，有蜡质，有果粉，无果棱，果点中等。汁液中多，果肉脆，香气浓。果面较平滑，光洁度 3 级。

　　果实平均横径 81.11 mm，纵径 70.33 mm，果形指数 0.87，平均单果重 239.76 g。心室 5 个，闭合状，平均种子数量 11 个。套袋果可溶性固形物平均含量 14.80%，可滴定酸含量 0.42%，糖酸比 30.14，偏斜率 3.25%，果肉硬度 9.27 kg/cm^2；光果可溶性固形物平均含量 14.30%，可滴定酸含量 0.42%，糖酸比 34.12，偏斜率 0.02%，果肉硬度 8.47 kg/cm^2。

　　该品种适应性强，抗性和普通富士一致；果实耐贮藏性好，无黑红点现象，冷库贮藏可到翌年 5 月份。

勃瑞本

勃瑞本是 Lady Hamilton 和 Granny Smith（澳洲青苹）的杂交后代，1952年在新西兰发现一个芽变品种。

调查植株 2012 年定植，乔化，2017 年高接，基砧为新疆野苹果。

 枝

树姿直立，一年生枝尖削度小，褐色，茸毛多，皮孔疏，皮孔少且小，芽体三角形，平均芽间距 2.39 cm。外围一年生枝平均长度 50.55 cm，春梢平均长度 43.61 cm，秋梢平均长度 15.30 cm，长、中、短枝比例分别占 75.61%、14.63%、9.76%。

叶

叶片平均纵径 8.02 cm、横径 4.47 cm，叶柄平均长 3.23 cm。叶色绿，叶尖渐尖，叶形长圆形，叶缘呈钝锯齿状。叶姿斜向上，叶面抱合，叶背绒毛中等。叶片平均厚度 0.40 mm，叶绿素含量 33.40 spad，平均百叶鲜重 62.49 g。

花

花蕾紫红色，花瓣邻接而生，卵圆形。花朵坐果率 41.70%，花序坐果率 86.54%。显蕾期 3 月 23 日左右，花序伸长期 4 月 3 日左右，花序分离期 4 月 8 日左右，初花期 4 月 13 日左右，盛花期 4 月 16 日左右，落花期 4 月 20 日左右，果实 10 月中旬成熟。

果

果梗平均粗度 2.29 mm，长度 21.00 mm，梗洼中深、广，萼片反卷、宿存，萼洼浅、广。果实椭圆形，着色程度中等，着色类型混合型，有蜡质，有果粉，有果棱，果点小。汁液多，果肉脆，香气无。果面平滑，光洁度 4 级。

果实平均横径 77.19 mm，纵径 73.33 mm，果形指数 0.95，平均单果重 221.27 g。心室 5 个，闭合状，平均种子数量 9 个。套袋果可溶性固形物平均含量 10.20%，可滴定酸含量 0.64%，糖酸比 15.89，偏斜率 12.10%，果肉硬度 7.77 kg/cm^2；光果可溶性固形物平均含量 11.00%，可滴定酸含量 0.71%，糖酸比 15.49，偏斜率 13.12%，果肉硬度 7.65 kg/cm^2。

该品种果实肉质淡黄色，较硬脆，味甜酸而浓，品质中上，在冷藏条件下，贮藏期长。但货架期寿命稍差，2～3 周内肉质即行沙化，汁少、品质下降，且花朵、叶片易感白粉病。

爱 妃

爱妃苹果，英文名：Envy，是由"皇家嘎啦"和"布瑞本"杂交选育而成的新西兰苹果新品种。

一、爱妃在 M26 砧木上的表现

调查植株 2014 年引入本站，M26 矮化自根砧。

树姿直立，一年生枝尖削度中等，褐色，茸毛多，皮孔稀疏，数量少且大，芽体三角形，平均芽间距 2.42 cm。外围一年生枝平均长度 51.90 cm，春梢平

均长度 22.52 cm, 秋梢平均长度 4.07 cm, 长、中、短枝比例分别占 48.57%、
48.57%、2.86%。

 叶

　　叶片平均纵径 8.66 cm、横径 4.57 cm, 叶柄平均长 3.17 cm。叶色浓绿,
叶尖渐尖, 叶形长圆形, 叶缘呈钝锯齿状, 叶姿斜向上, 叶面抱合, 叶背绒毛
中等。叶片平均厚度 0.40 mm, 叶绿素含量 34.30 spad, 平均百叶鲜重 75.13 g。

 花

　　花蕾紫红色, 花瓣相对离生, 卵圆形。花朵坐果率 59.09%, 花序坐果率
100%。显蕾期 3 月 23 日左右, 花序伸长期 4 月 1 日左右, 花序分离期 4 月 8

日左右，初花期4月11日左右，盛花期4月15日左右，落花期4月19日左右，果实10月中旬成熟。

 果

果梗平均粗度2.65 mm，长度25.30 mm，梗洼中深、广，萼片聚合、宿存，萼洼中深、广。果实圆锥形，果面着浓红色，条红，有蜡质，有果粉，无果棱，果点中等。汁液多，果肉细脆，香气淡。果面较光滑，光洁度3级。

果实平均横径80.41 mm，纵径67.97 mm，果形指数0.85，平均单果重220.93 g。心室5个，闭合状，平均种子数量7.60个。套袋果可溶性固形物平均含量10.50%，可滴定酸含量0.43%，糖酸比24.49，偏斜率9.21%，果肉硬度7.12 kg/cm^2；光果可溶性固形物平均含量11.30%，可滴定酸含量0.31%，糖酸比36.55，偏斜率10.56%，果肉硬度7.15 kg/cm^2。

二、爱妃在乔砧上的表现

调查植株 2012 年定植，2016 年高接，基砧为新疆野苹果。

🍎 枝

　　树姿直立，一年生枝尖削度小，褐色，茸毛多，皮孔稀疏，数量少且小，芽体三角形，平均芽间距 2.39 cm。外围一年生枝平均长度 53.40 cm，春梢平均长度 28.44 cm，秋梢平均长度 10.00 cm，长、中、短枝比例分别占 49.15%、30.51%、20.34%。

叶

叶片平均纵径 8.37 cm、横径 4.62 cm，叶柄平均长 2.74 cm。叶色浓绿，叶尖锐尖，叶形长圆形，叶缘呈复锯齿状。叶姿斜向上，叶面抱合，叶背绒毛中等。叶片平均厚度 0.46 mm，叶绿素含量 33.70 spad，平均百叶鲜重 76.71 g。

 花

花蕾紫红色，花瓣相对离生，卵圆形。花朵坐果率 65.49%，花序坐果率98.08%。显蕾期 3 月 31 日左右，花序伸长期 4 月 5 日左右，花序分离期 4 月8 日左右，初花期 4 月 13 日左右，盛花期 4 月 16 日左右，落花期 4 月 19 日左右，果实 10 月中旬成熟。

 果

果梗平均粗度 2.54 mm，长度 24.10 mm，梗洼中深、广，萼片聚合、宿存，萼洼浅、广。果实短圆锥形，果面着浓红色，条红，有蜡质，有果粉，无果棱，果点小。汁液多，果肉细脆，香气淡。果面平滑，光洁度 4 级。

果实平均横径 82.52 mm，纵径 69.89 mm，果形指数 0.85，平均单果重247.36 g。心室 5 个，闭合状，平均种子数量 8.30 个。套袋果可溶性固形物平均含量 11.70%，可滴定酸含量 0.35%，糖酸比 33.43，偏斜率 1.41%，果肉硬度

7.88 kg/cm^2；光果可溶性固形物平均含量 13.15%，可滴定酸含量 0.31%，糖酸比 42.42，偏斜率 2.41%，果肉硬度 8.00 kg/cm^2。

该品种易成花，连续结果能力强，丰产性强；果实酸甜适口，品质佳，易于贮藏，冷库贮藏可到翌年 3 月。但叶片易感白粉病。

瑞 雪

瑞雪是西北农林科技大学赵政阳团队以"秦富 1 号"与"粉红女士"做亲本杂交选育，2015 年通过国家林木品种审定。

一、瑞雪在矮砧上的表现

调查植株 2013 年定植，2015 年高接，M26 矮化中间砧，基砧为八棱海棠。

枝

树姿直立，一年生枝尖削度小，黄褐色，茸毛较多，皮孔稀疏，小且少，芽体呈三角形态，平均芽间距为 2.59 cm。外围一年生枝平均长度 53.30 cm，春梢平均长度为 27.92 cm，秋梢平均长度 13.00 cm，长、中、短枝比例分别占 63.89%、22.22%、13.89%。

 叶

叶片平均纵径 8.68 cm、横径 5.47 cm，叶柄平均长 3.26 cm。叶色浓绿，叶尖渐尖，叶形卵圆形，叶缘呈锐锯齿状。叶姿斜向上，叶面抱合，叶背绒毛中等。叶片平均厚度 0.38 mm，叶绿素含量 36.30 spad，平均百叶鲜重 94.75 g。

 花

花蕾红色，花瓣离生，椭圆形。花朵平均坐果率为 52.80%，花序平均坐果率 86.54%。显蕾期 3 月 25 日左右，花序伸长期 4 月 5 日左右，花序分离期 4 月 10 日左右，初花期 4 月 13 日左右，盛花期 4 月 15 日左右，落花期 4 月 20 日左右，果实 10 月中下旬成熟。

果

果梗平均粗度为 2.30 mm，长度 30.20 mm，梗洼中深、中广，萼片反卷、宿存，萼洼中深、中广。果实椭圆形，套袋果底色为黄白色，光果果面着黄绿色，有蜡质，有果粉，无果棱，果点大小中等。汁液多，果肉脆，无香气。果面较平滑，光洁度 3 级。

果实平均横径 77.78 mm，纵径 73.55 mm，果形指数 0.95，平均单果重 229.57 g。心室 5 个，半开状，平均种子数量为 7 个。套袋果可溶性固形物平均含量 13.50%，可滴定酸含量 0.51%，糖酸比 26.41，偏斜率 15.49%，果肉硬度

7.17 kg/cm^2；光果可溶性固形物平均含量 13.10%，可滴定酸含量 0.44%，糖酸比 29.70，偏斜率 11.90%，果肉硬度 6.93 kg/cm^2。

二、瑞雪在乔砧上的表现

调查植株 2012 年定植，2016 年高接，基砧为新疆野苹果。

 枝

树姿直立，一年生枝尖削度小，灰褐色，茸毛中等，皮孔中密，数量中等，大小中等，芽体三角形，平均芽间距为 2.24 cm。外围一年生枝平均长度 31.87 cm，春梢平均长度 20.05 cm，秋梢平均长度为 10.86 cm，长、中、短枝比例分别占 47.54%、36.07%、16.39%。

 叶

叶片平均纵径 8.33 cm、横径 5.08 cm，叶柄平均长 3.07 cm。叶色浓绿，叶尖渐尖，叶形卵圆形，叶缘呈锐锯齿状。叶姿斜向上，叶面抱合，叶背绒毛中等。叶片平均厚度 0.38 mm，叶绿素含量 36.70 spad，平均百叶鲜重 78.55 g。

 花

花蕾红色，花瓣离生，椭圆形。花朵坐果率 76.03%，花序坐果率 98.04%。显蕾期 3 月 29 日左右，花序伸长期 4 月 8 日左右，花序分离期 4 月 13 日左右，初花期 4 月 15 日左右，盛花期 4 月 20 日左右，落花期 4 月 23 日左右，果实 10 月下旬成熟。

 果

果梗平均粗度 2.18 mm，长度 30.20 mm，梗洼中深、中广，萼片反卷、宿存，萼洼中深、广。果实椭圆形，套袋果底色为黄白色，光果果面着黄绿色，

有蜡质，有果粉，无果棱，果点小。汁液多，果肉脆，香气淡。果面较平滑，光洁度 3 级。

果实平均横径 73.99 mm，纵径 71.12 mm，果形指数 0.96，平均单果重 205.11 g。心室 5 个，半开状，平均种子数量 8 个。套袋果可溶性固形物平均含量 13.70%，可滴定酸含量 0.37%，糖酸比 37.03，偏斜率 4.27%，果肉硬度 8.20 kg/cm^2；光果可溶性固形物平均含量 13.30%，可滴定酸含量 0.43%，糖酸比 30.86，偏斜率 0.59%，果肉硬度 7.83 kg/cm^2。

该品种早果，丰产性强，抗逆性、抗病性较强，无采前落果现象；果实风味浓郁，品质佳，耐贮藏，冷库贮藏可达 8 个月。

粉红女士

粉红女士为金冠和威廉女士杂交，澳大利亚品种，1985 年发表。

调查植株 2012 年定植，乔化，2018 年高接，基砧为新疆野苹果。

 枝

树姿直立，一年生枝尖削度中等，褐色，茸毛中等，皮孔稀疏，数量少且小，芽体三角形，平均芽间距 2.29 cm。外围一年生枝平均长度 59.10 cm，春梢平均长度 28.11 cm，秋梢平均长度 10.93 cm，长、中、短枝比例分别占 59.46%、20.27%、6.76%。

 叶

叶片平均纵径 9.17 cm、横径 5.03 cm，叶柄平均长 3.11 cm。叶色浓绿，叶尖锐尖，叶形长圆形，叶缘呈复锯齿状。叶姿斜向上，叶面平展，叶背绒毛稀疏。叶片平均厚度 0.40 mm，叶绿素含量 37.30 spad，平均百叶鲜重 90.02 g。

 花

花蕾红色，花瓣邻接而生，椭圆形。花朵坐果率 55.04%，花序坐果率 93.88%。显蕾期 3 月 19 日左右，花序伸长期 4 月 1 日左右，花序分离期 4 月 10 日左右，初花期 4 月 12 日左右，盛花期 4 月 15 日左右，落花期 4 月 21 日左右，果实 10 月下旬成熟。

🍎 **果**

果梗平均粗度 2.76 mm，长度 28.80 mm，梗洼浅、广，萼片反卷、残存，萼洼中深、中广。果实长圆形，条红，果面着浓红色，有蜡质，有果粉，无果棱，果点小。汁液中多，果肉脆，味酸甜，果肉白色至浅黄色，香气无。果面平滑，光洁度 4 级。

果实平均横径 69.58 mm，纵径 66.62 mm，果形指数 0.96，平均单果重 154.94 g。心室 5 个，半开状，平均种子数量 8 个。套袋果可溶性固形物平均含量 12.2%，可滴定酸含量 0.75%，糖酸比 16.27，偏斜率 7.85%，果肉硬度 9.44 kg/cm^2；光果可溶性固形物平均含量 12.00%，可滴定酸含量 0.88%，糖酸比 13.64，偏斜率 15.53%，果肉硬度 8.88 kg/cm^2。

该品种易成花，丰产，抗性强；果实风味酸甜，浓郁，品质上佳，极耐贮藏，冷库贮藏条件下可至翌年 4 月份。

瑞香红

瑞香红亲本为秦富 1 号和粉红女士，是西北农林科技大学赵政阳团队培育的晚熟红色苹果新品种。

调查植株 2013 年定植，2015 年高接，M26 矮化中间砧，基砧为八棱海棠。

 枝

树姿直立，一年生枝尖削度中等，黄褐色，茸毛多，皮孔密，数量多，中等大小，芽体三角形，平均芽间距 2.20 cm。外围一年生枝平均长度 59.27 cm，春梢平均长度 25.77 cm, 秋梢平均长度 7.86 cm，长、中、短枝比例分别占 53.85%、30.77%、15.38%。

 叶

　　叶片平均纵径 8.37 cm、横径 4.80 cm，叶柄平均长 3.05 cm。叶色绿，叶尖渐尖，叶形长圆形，叶缘呈锐锯齿状。叶姿斜向上，叶面平展，叶背绒毛中等。叶片平均厚度 0.45 mm，叶绿素含量 35.00 spad，平均百叶鲜重 69.15 g。

 花

　　花蕾红色，花瓣离生，椭圆形。花朵坐果率 73.18%，花序坐果率 96.15%。显蕾期 3 月 18 日左右，花序伸长期 3 月 28 日左右，花序分离期 4 月 8 日左右，初花期 4 月 10 日左右，盛花期 4 月 15 日左右，落花期 4 月 18 日左右，果实 10 月下旬成熟。

 果

　　果梗平均粗度 2.44 mm，长度 37.90 mm，梗洼深、狭，萼片反卷、残存，萼洼深、中广。果实长圆形，果面着浓红色，条红，有蜡质，有果粉，无果棱，果点小。汁液多，果肉脆，无香气。果面平滑，光洁度 4 级。

　　果实平均横径 70.90 mm，纵径 72.63 mm，果形指数 1.02，平均单果重

187.54 g。心室 5 个，半开状，平均种子数量 7 个。套袋果可溶性固形物平均含量 11.80%，可滴定酸含量 0.48%，糖酸比 24.65，偏斜率 1.93%，果肉硬度 8.12 kg/cm^2；光果可溶性固形物平均含量 12.30%，可滴定酸含量 0.52%，糖酸比 23.71，偏斜率 10.87%，果肉硬度 8.23 kg/cm^2。

该品种抗寒性强，对主要病害如早期落叶病、炭疽叶枯病、白粉病、霉心病、轮纹病等抗性强。果实品质极佳，耐贮藏。